雄安新区生态安全保障对策研究

王晶晶　许开鹏　迟妍妍　付　乐　朱金峰　等 编著

中国环境出版集团·北京

图书在版编目（CIP）数据

雄安新区生态安全保障对策研究 / 王晶晶等编著.
北京 ： 中国环境出版集团，2025. 3. -- ISBN 978-7
-5111-6187-1

Ⅰ．X321.222.3

中国国家版本馆 CIP 数据核字第 2025GS5288 号

策划编辑　葛　莉
责任编辑　宾银平
封面设计　岳　帅

出版发行　**中国环境出版集团**
　　　　　（100062　北京市东城区广渠门内大街 16 号）
　　　　　网　　址：http://www.cesp.com.cn
　　　　　电子邮箱：bjgl@cesp.com.cn
　　　　　联系电话：010-67112765（编辑管理部）
　　　　　　　　　　010-67113412（第二分社）
　　　　　发行热线：010-67125803，010-67113405（传真）
印　　刷　北京鑫益晖印刷有限公司
经　　销　各地新华书店
版　　次　2025 年 3 月第 1 版
印　　次　2025 年 3 月第 1 次印刷
开　　本　787×1092　1/16
印　　张　6.75
字　　数　126 千字
定　　价　58.00 元

中国环境出版集团郑重承诺：
中国环境出版集团合作的印刷单位、材料单位均具有中国环境标志产品认证。

前　言

　　雄安新区地处京津冀腹地，水资源匮乏，水环境和大气环境敏感，生态环境脆弱。习近平总书记对雄安新区建设提出"生态优先"的要求。《河北雄安新区规划纲要》中"构建科学合理空间布局"明确了生产、生活、生态空间的分布范围，高比例设定了保障区域生态安全的生态空间，突出了区域生态安全维护的优先地位。

　　建设和发展好雄安新区是国家新型城市发展模式的战略体现，雄安新区是北京非首都功能疏解集中承载地，雄安新区新型城市开发建设研究可以为人口-经济集中密集区域的国土开发新模式的优化探索研究奠定基础。本书是国家重点研发计划"雄安新区生态基础设施及生态安全格局构建技术"项目课题5"雄安新区生态安全格局构建和保障对策"的子课题研究成果，主要内容是提出与新区发展相适应的生态保护目标，构建新区国土空间管控的管理工具库，并提出相应的制度设计方案，为雄安新区生态安全保障提供科技支撑。本书基于规划形成"一淀、三带、九片、多廊"的生态空间格局，提出了新区生态保护红线及空间布局的建议方案，着重探讨了白洋淀环境治理和生态修复方案，最终建立新区生态安全的国土空间管控制度设计框架，是开展雄安新区生态安全格局构建和保障对策研究的重要产出成果之一。

　　国土空间管控是对国土空间各类开发保护活动的科学谋划与管理安排。国土空间是生态文明建设的空间载体，对国土空间实施合理有效的管控，是推进生态文明建设，加快形成绿色生产方式和生活方式的重要举措。本书主要从生态安全角度分析研究雄安新区区域发展的稳定性，在借鉴国内外典型新城国土空间规划及管控先进经验的基础上，结合雄安新区实际情况，探讨基于生态红线和国土开发强度的国土空间管控所面临技术难点的解决方法。在此基础上，提出以功能管控为核心多尺度、多时序的雄安新区国土空间管控制度设计方案。

本书共包括6个章节。第1章主要介绍雄安新区自然环境状况和社会经济状况，分析区域生态定位及生态保护状况，由许开鹏、王晶晶、付乐等撰写；第2章对雄安新区2015—2020年生态状况进行了调查评估，主要评估区域生态系统格局和质量变化，由迟妍妍、刘斯洋、张丽苹、付乐等撰写；第3章通过建立符合雄安新区实际的评价指标体系，开展生态保护重要性评价，由朱金峰、李海涛、付乐、王晶晶、许开鹏等撰写；第4章在借鉴国内外新城新区开发生态保护经验和启示的基础上，提出新区中长期生态保护目标，由张丽苹、王晶晶、刘斯洋等撰写；第5章主要分析重要生态空间国际管理经验，总结我国重要生态空间管控手段，由刘斯洋、王晶晶、迟妍妍等撰写；第6章围绕生态保护红线划定、国土空间分类管控、白洋淀国家公园建设、生态保护补偿实施等方面，设计雄安新区生态安全保障对策，由王晶晶、付乐、许开鹏、迟妍妍等撰写。全书由王晶晶、付乐负责统稿，许开鹏、迟妍妍负责定稿。

本书相关内容可供有关政府部门和研究机构参考，书中不妥之处敬请批评指正。书中部分图片未能联系到原作者，均注明"资料图"，请原作者见书后联系。

编　者

2024 年 7 月

目　录

1　区域概况 ／ 1

1.1　自然环境状况 ／ 1

1.2　社会经济状况 ／ 3

1.3　区域生态定位及生态保护状况 ／ 3

2　新区生态状况调查评估 ／ 5

2.1　新区生态系统格局及其变化评估 ／ 5

2.2　新区生态系统质量及其变化评估 ／ 9

3　新区生态保护重要性评价 ／ 12

3.1　建立评价指标体系 ／ 12

3.2　生态系统服务功能重要性评价 ／ 19

3.3　生态脆弱（敏感）性评价 ／ 43

3.4　生态保护重要性评价集成结果 ／ 57

4　新区生态保护目标研究 ／ 59

4.1　新城新区开发生态保护的国际经验 ／ 59

4.2　国内新城新区开发的生态保护启示 ／ 65

4.3　新区中长期生态保护目标 ／ 68

5 生态空间管控手段与经验借鉴 / 69

    5.1 重要生态空间国际管理经验 / 69

    5.2 我国重要生态空间管控手段 / 74

6 新区生态安全保障对策设计 / 83

    6.1 划定并严守生态保护红线 / 83

    6.2 实施国土空间分类管控 / 90

    6.3 建设白洋淀国家公园 / 93

    6.4 推进实施生态保护补偿 / 97

参考文献 / 100

1

区域概况

　　设立雄安新区，是以习近平同志为核心的党中央深入推进京津冀协同发展作出的一项重大决策部署，是千年大计、国家大事。本章重点分析新区自然环境和经济社会发展状况，阐明区域生态定位，分析区域生态保护状况及面临的主要生态问题。

1.1　自然环境状况

　　（1）地理位置概况

　　雄安新区地处北京、天津、保定腹地，距北京、天津均为 105 km，距石家庄 155 km，距保定 30 km，距北京大兴国际机场 55 km。雄安新区包括雄县、容城县、安新县三县及周边部分区域，规划面积为 1 770 km²。现有开发程度较低，发展空间充裕，具备高起点、高标准开发建设的基本条件。雄安新区规划建设起步面积约 100 km²，中期发展区面积约 200 km²，远期控制面积约 2 000 km²。

　　（2）地形地貌

　　雄安新区位于太行山东麓、冀中平原中部、南拒马河下游南岸，在大清河水系冲积扇上，属于太行山麓平原向冲积平原的过渡带。全境西北较高，东南略低，海拔标高 7～19 m，自然纵坡 1‰左右，为缓倾平原，土层深厚，地形开阔，植被覆盖率低，境内有多处古河道。

　　（3）气候条件

　　雄安新区地处中纬度地带，属于温带大陆性季风气候，四季分明，春旱多风，夏热多雨，秋凉气爽，冬寒少雪。全年平均气温 11.9℃，极端最高气温 40.9℃，极端最低气温−21.5℃，最热 7 月平均气温 26.1℃，全年无霜期 191 d，最长 205 d，最短 180 d，初霜日平均出现于 10 月 19 日，终霜日平均出现于 4 月 12 日。年日均气温在 0℃以上的持续时间为 273 d。平均年降水量为 522.9 mm，年极端降水量最大为 1 237.2 mm，年极端最小降水量为 207.3 mm。全年以偏北风最多，年平均风速为 2.1 m/s。历史极端最大风速为 20 m/s。

（4）水文特征

雄安新区属于海河流域大清河水系，境内主要河流有大清河、白沟引河、萍河、瀑河、漕河、府河、唐河和孝义河。除大清河、白沟引河和府河丰水年常年有水外，其余河流都属于季节性河流，境内河段几乎常年干涸。除大清河外，其余河流全部汇入白洋淀。白洋淀位于大清河水系中下游，是华北地区最大的淡水湖，由多个淀泊和壕沟组成，淀底高程一般为 5.1～6.5 m。主要承纳白沟引河、萍河、瀑河、漕河、府河、孝义河和潴龙河等 9 条河流入淀，流域面积 3.12 km^2。白洋淀水位达到 10.5 m 时，水面面积 366 km^2，蓄水量 10.38 亿 m^3。

（5）土壤类型

雄安新区土壤复杂多样，土壤母质主要是第四纪冲积物。白洋淀淀区土壤可分为 4 个土类（包括褐土、潮土、沼泽土、水稻土），8 个亚类，21 个土属和 128 个土种。白洋淀淀区以沼泽土为主，土质肥沃，分布于地势低洼、常年积水地区。0～20.0 cm 土壤有机质含量平均为 3.0%，全氮含量 0.20%，碱解氮 140.9 μg/g，速效磷平均含量 7.1 μg/g，速效钾平均含量 224.2 μg/g，有机质含量低，土壤水稳性团粒结构不良。土壤 pH 一般为 8.5（8.0～8.6），表现为微碱性。淀区土壤养分含量较高，土壤肥沃，但表层土质地比较黏重。

（6）动植物资源

雄安新区地处华北平原中部，属于华北植物区系，具有陆生植物和水生植物两种类型，动物区系属古北界。经野外调查及收集现有资料统计，白洋淀省级自然保护区分布有鸟类 210 种，其中，夏候鸟 78 种，留鸟 31 种，旅鸟 75 种，冬候鸟 26 种，有国家保护鸟类 190 种，其中国家一级重点保护野生动物 2 种，国家二级重点保护野生动物 26 种。白洋淀鱼类有 54 种，以鲤鱼、黑鱼、黄颡鱼为主，其中鲤科种类最多，共计 30 属 34 种。白洋淀哺乳动物有 14 种，包括普通刺猬、草兔、黄鼬等；浮游植物 9 门 406 种 27 变种；浮游动物 41 属，底栖生物 38 种。

1.2　社会经济状况

2017 年 4 月 1 日，中共中央、国务院印发《关于设立河北雄安新区的通知》。这是以习近平同志为核心的党中央深入推进京津冀协同发展作出的一项重大决策部署，是继深圳经济特区和上海浦东新区之后又一具有全国意义的新区，是重大的历史性战略选择，是千年大计、国家大事。雄安新区是北京非首都功能疏解集中承载地，要建设成高水平社会主义现代化城市、京津冀世界级城市群的重要一极、现代化经济体系的新引擎、推动高质量发展的全国样板。

2019 年，雄安新区地区生产总值 215.2 亿元，同比增长 6.0%。常住人口数为 124.66 万，城镇化率为 45.40%。

1.3　区域生态定位及生态保护状况

1.3.1　生态定位与重要区域

雄安新区东西向主要河流是衔接"太行山脉—渤海湾"的主要生态廊道，是形成上下游生态资源自然流畅的通道。南北向是"京南生态绿楔—拒马河—白洋淀"生态廊道，是鸟类迁徙通道以及与北京相通的通风廊道。白洋淀具有"华北之肾"的功能，具有开放多样的区域生态网络体系，支撑京津冀区域生态安全。

1.3.2　生态保护状况

雄安新区以农田、洼淀生态系统为主，主要植被为人工农田植被和人工林，河流两岸及干河道分布有沙生植被，白洋淀及附近主要生长水生沼泽植物。新区范围内有 5 处自然保护地，包括白洋淀省级自然保护区、白洋淀省级风景名胜区、白洋淀国家级水产种质资源保护区、白洋淀野生大豆原生境保护示范区、安新县野生莲原生境保护点，面积约 358 km^2。

雄安新区重要和典型的生态系统有湿地、农田和林地。雄安新区野生动植物栖息生境主要包括湿地、农田和林地；自然景观为湿地。湿地主要分布在雄安新区中南部的白洋淀地区；农田是雄安新区面积最大的生境类型，包括旱田和水田，其中水田主要分布在淀内；林地以农田防护林地和新造幼林地为主。

白洋淀地处新区中南部，是大清河流域中部的天然湖泊，是华北平原上为数极少的淀泊之一，素有"北国江南""华北明珠"之誉。白洋淀是典型的湿地生态系统，生物多样性丰富，是我国候鸟迁徙重要的停歇地和中转站。

新区设立以来，不断完善白洋淀生态补水机制，引黄河水，引南水北调中线长江水，引水库水、再生水等，成为白洋淀生态补水重要且稳定的水源。白洋淀生态补水将有效缓解下游沿线各地生态缺水现象，持续提升下游河道水生态功能，改善水生态环境。同时，白洋淀开展了生态资源调查巡护、爱鸟宣传、网箱围栏清理、打击电鱼、打击捕鸟和毒鸟等多项保护白洋淀环境工作，近年来，生态治理修复全面发力，白洋淀野生鸟类栖息环境不断改善，进而白洋淀野生鸟种类数量逐年增多。

1.3.3　主要生态问题

（1）人为活动频繁，以白洋淀为主的生态用地占用问题突出

白洋淀淀区内有近 9.5 万人口居住和生活，约 30 万人位于河道和蓄滞洪区内；历史上淀区内部围堤打埝、养鱼、种树、屯田、修路、盖房等现象非常普遍；白洋淀围淀造田现象比较突出，耕地扩展改变了白洋淀湿地生态系统类型结构与空间格局，从而影响了白洋淀调洪治淤、生物多样性维护等生态功能。

（2）生态空间挤占严重，生态服务功能下降

新区生态空间占比严重不足，以白洋淀淀区为主。但淀内人口密集，农业开发强度大，城镇化持续发展，生态用地被严重挤占。数据显示，1984—2015 年，农田面积由 77.72% 下降至 68.97%，而城镇面积由 9.43% 上升至 16.89%。

（3）水生态空间减少，生物多样性下降显著

新区水生态空间集中分布在白洋淀内。资料显示，白洋淀多年水位呈现下降趋势，20 世纪 50 年代平均水位 8.5 m，水面面积 292 km^2；七八十年代，水位持续下降，1984—1987 年出现完全干淀现象；目前基本依靠外调水补给，维持低水位。水生生物种类大幅下降，1954—2009 年，鱼类由 54 种减少至 30 种，高价值的鳜鱼、鲂鱼等大幅减少，低质小杂鱼占绝对优势；浮游植物减少了 28.6%，浮游动物减少了 18.3%～36.8%，耐污种逐渐占据优势；栖息于淀区的野鸭、鹁鸪等几乎绝迹。

2

新区生态状况调查评估

生态状况调查评估主要以遥感和地面调查数据为基础，评估生态系统格局状况，定量分析生态系统总体变化特征，开展生态系统质量与变化评估。本章重点分析雄安新区 2020 年生态系统格局和生态系统质量，评估新区 2015—2020 年生态系统格局和生态系统质量变化。

2.1 新区生态系统格局及其变化评估

2.1.1 生态系统格局现状

雄安新区以农田和城镇生态系统为主。2020 年，农田和城镇生态系统面积分别为 1 185.4 km² 和 332.6 km²，约占雄安新区总面积的 85.8%。农田生态系统广泛分布在新区，而城镇生态系统主要集中在新区西北部的起步区。湿地生态系统面积为 207.2 km²，占比为 11.7%，主要是白洋淀水域。2020 年各类生态系统面积占比见图 2-1，2015 年和 2020 年生态系统类型空间分布情况见图 2-2。

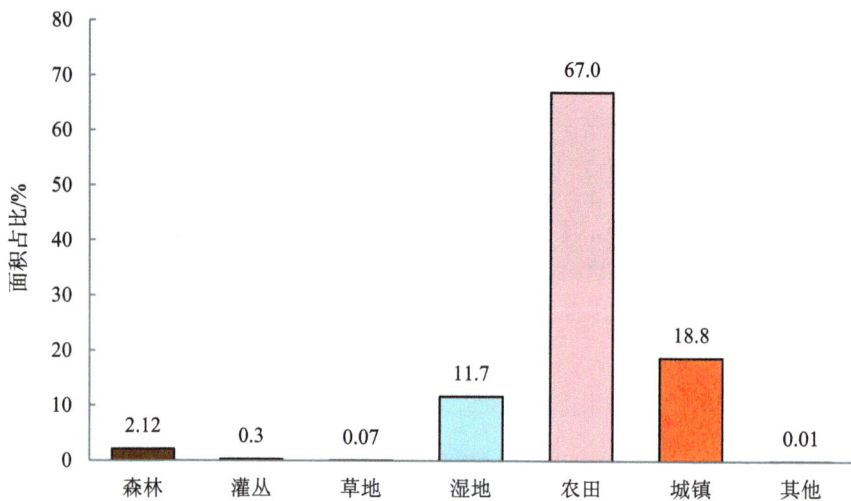

图 2-1　2020 年雄安新区生态系统面积占比

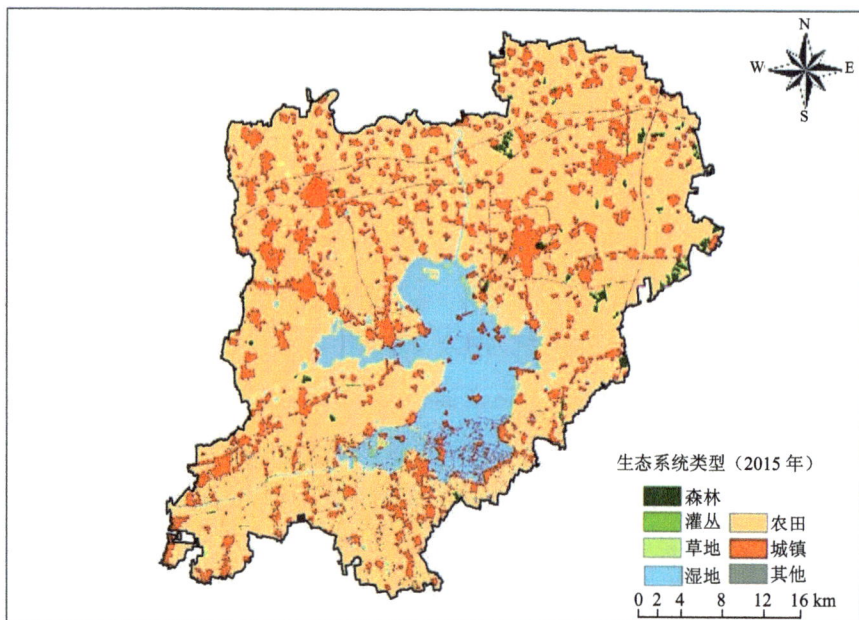

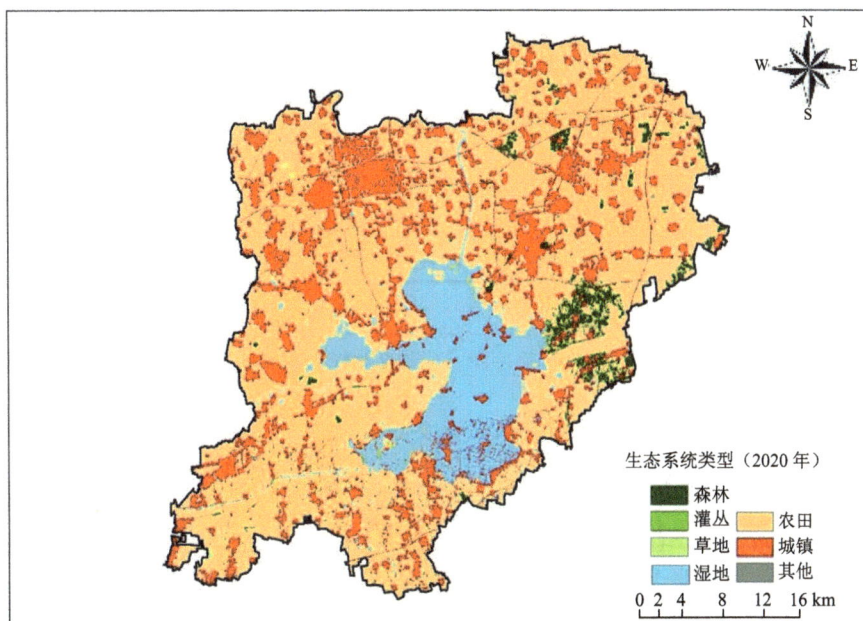

图 2-2　雄安新区生态系统类型空间分布情况（2015 年和 2020 年）

2.1.2　生态系统格局变化特征

雄安新区城镇和森林生态系统面积增加，农业生态系统面积减少。如表 2-1 所示，2015—2020 年，雄安新区生态系统有 85.509 km² 发生变化，约占总面积的 4.8%，总体表现为城镇和森林生态系统增加、农田生态系统减少，主要集中在雄安新区的起步区。城镇生态系统转入 49.293 km²，主要由农田（48.000 km²）、湿地（0.980 km²）生态系统转入，主要集中在起步区（图 2-3）。森林生态系统转入 23.192 km²，主要由农田（22.560 km²）、城镇（0.550 km²）、湿地（0.080 km²）生态系统转入。农田生态系统转出 72.290 km²，转出对象主要是城镇（48.000 km²）、森林（22.560 km²）、湿地（1.390 km²）生态系统。

表 2-1　2015—2020 年雄安新区生态系统转移矩阵　　　　　　　　单位：km²

2015 年 ＼ 2020 年	森林	灌丛	草地	湿地	农田	城镇	其他	转出合计
森林	—	0.003	0	0.006	0.270	0.110	0	0.389
灌丛	0.002	—	0	0.040	0.370	0.200	0	0.612
草地	0	0	—	0.020	0.010	0		0.030

2015年 ＼ 2020年	森林	灌丛	草地	湿地	农田	城镇	其他	转出合计
湿地	0.080	0.010	0.020	—	2.020	0.980	0	3.110
农田	22.560	0.320	0.010	1.390	—	48.000	0.010	72.290
城镇	0.550	0.120	0	2.740	5.660	—	0.001	9.071
其他	0	0	0	0	0.004	0.003	—	0.007
转入合计	23.192	0.453	0.030	4.196	8.334	49.293	0.011	85.509

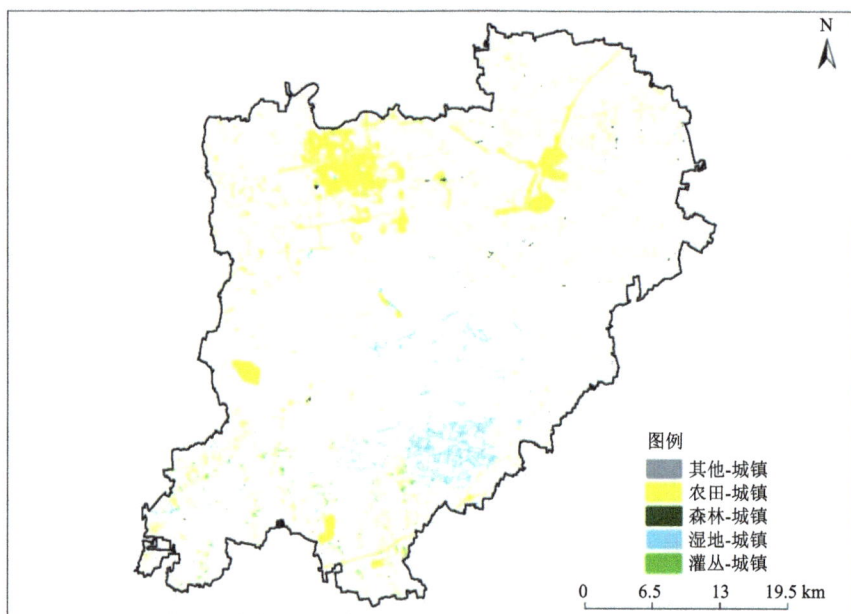

图2-3　2015—2020年雄安新区城镇生态系统转入类型分布

　　参照土地利用动态度计算方法，单一生态系统动态度表示某一区域内某种生态系统类型的数量在一定时段内的变化速度；综合生态系统动态度是指某一区域内生态系统变化的总体速度。2015—2020年，森林的单一生态系统动态度最高为31.15%，其次是城镇生态系统（2.75%）、湿地生态系统（0.1%）和草地生态系统（0.05%），而农田、灌丛和其他生态系统的单一生态系统动态度为负数，分别为-1.0%、-0.59%和-0.08%。5年来，雄安新区综合生态系统动态度为0.48%，表示生态系统变化程度一般。

专栏　白洋淀生态环境持续提升

　　雄安新区围绕白洋淀水生态、水环境、水生物等开展系统治理，努力打造生态文明建设典范。自 2017 年以来，稳妥实施退耕还淀，已全部退出淀区内稻田、藕田。建成唐河、府河、孝义河及萍河河口湿地水质净化工程并实现有效运转。持续开展水生植物平衡收割及资源化利用，恢复白洋淀生态功能和自然风光。雄安新区坚持先植绿后建城，以建设全国森林城市示范区为目标，加快"千年秀林"建设，2017—2020 年已累计造林 42.8 万亩①，有效改善了水土流失状况。组织实施白洋淀水生生物资源系统调查，摸清淀区、上游水库和入淀河流生物资源状况并开展增殖放流，2020 年在重点淀泊放流鱼类、青虾等苗种 6 800 万单位。

2.2　新区生态系统质量及其变化评估

2.2.1　生态系统质量现状

　　雄安新区生态系统质量总体优良。针对陆域以植被为主的自然生态系统开展质量评估，2020 年，雄安新区生态系统质量等级为优和良的面积占比 31.74%，主要分布在雄安新区南部。低、差等级的生态系统主要分布在雄安新区西北部的起步区。2015 年和2020 年雄安新区生态系统质量情况及生态系统质量空间分布情况见表 2-2 和图 2-4。

表 2-2　2015 年和 2020 年雄安新区生态系统质量情况　　　　　　　单位：%

等级	优	良	中	低	差
2015 年	2.78	37.37	45.02	14.82	0
2020 年	2.97	28.77	35.32	32.14	0.79

---

① 1 亩=1/15 hm²。

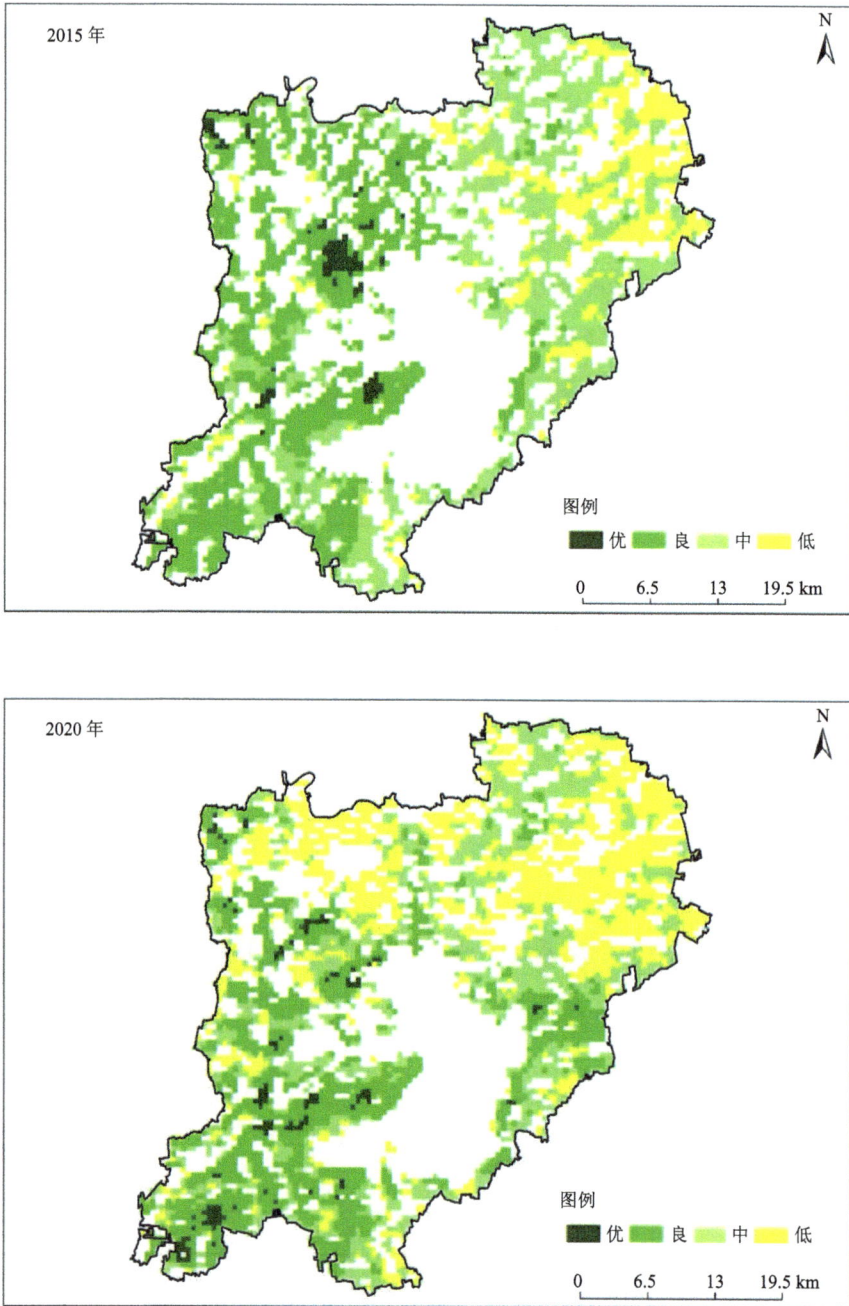

图 2-4　雄安新区生态系统质量空间分布情况（2015 年和 2020 年）

2.2.2　生态系统质量变化特征

雄安新区生态系统质量总体呈降低趋势。2015—2020 年，雄安新区陆域以植被为主的自然生态系统中，生态系统质量等级降低的区域面积为 276.85 km²，主要分布在雄安新区西北部的起步区；生态系统质量等级提高的区域面积为 128.54 km²，主要分布在雄安新区南部和东部；生态系统质量等级不变的区域面积为 532.02 km²，主要分布在雄安新区中部和东北部（图 2-5）。

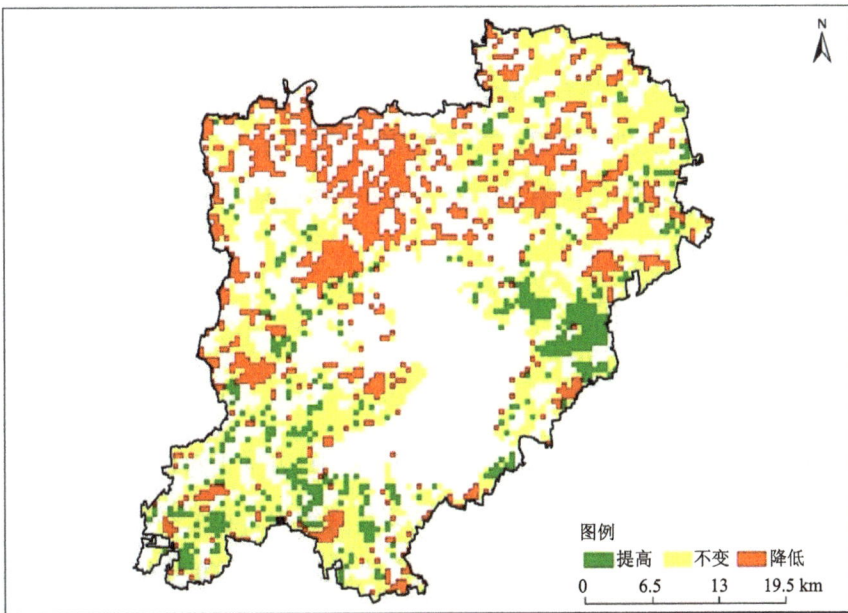

图 2-5　2015—2020 年雄安新区生态系统质量变化

3

新区生态保护重要性评价

生态保护重要性评价是为了明确生态保护的目标，划定生态保护核心区域，为分区分类开展生态保护提供科学依据。本章重点针对新区生态系统特征和主要生态环境问题，建立符合新区实际的评价指标体系，针对雄安新区以及白洋淀湿地开展生态保护重要性评价。

3.1 建立评价指标体系

根据《生态保护红线划定指南》，在国土空间范围内开展生态功能重要性评价和生态环境敏感性评价，首先需确定水源涵养、生物多样性维护、水土保持、防风固沙等生态功能极重要区域，以及水土流失、土地沙化、石漠化、盐渍化等生态环境极敏感区域。

相较于全国、省（区、市）等大尺度区域，雄安新区范围较小，除白洋淀湿地外，新区范围内土地利用类型以农田为主，植被和景观结构单一。根据新区自然地理特征和主要生态环境问题，结合遥感影像分析、外业调查研究，新区范围内具有水源涵养、生物多样性维护、水土保持等生态功能极重要区域，但是没有水土流失、土地沙化、石漠化、盐渍化等生态环境极敏感区域。因此，需要基于新区生态系统特征和主要生态环境问题，建立符合新区实际情况的评价指标。结合分区评价方法，分别建立白洋淀区域、白洋淀以外的陆地区域的评价指标。

3.1.1 数据资料收集

根据评价方法，收集评价所需的各类数据，如基础地理信息数据、土地利用现状及年度调查监测数据、气象观测数据、遥感影像、地表参量、生态系统类型与分布数据等。评价的基础数据类型为栅格数据，非栅格数据应进行预处理，统一转换为便于空间计算的网格化栅格数据。

（1）卫星遥感数据

收集了雄安新区 Landsat、Sentinel、GF 等多源遥感数据，如表 3-1、图 3-1 和图 3-2 所示。

表 3-1 卫星遥感数据收集信息

卫星	传感器	分辨率/m	选取时间
Landsat-1～4	MSS	60	1975-07-16、1980-07-26、1984-08-16
Landsat-5	TM	30/15	1990-08-17、1994-07-27、1999-08-10、2011-07-26
Landsat-7	ETM+	30/15	2005-08-18
Landsat-8	OLI	30/15	2015-08-22、2017-07-10、2018-04-24、2019-08-17、2020-04-29
Sentinel-2	MSI	10	2018-08-21、2019-08-21、2020-06-21
GF-2	PMS	4/1	2017-06-04、2017-08-07、2018-03-22、2020-05-28

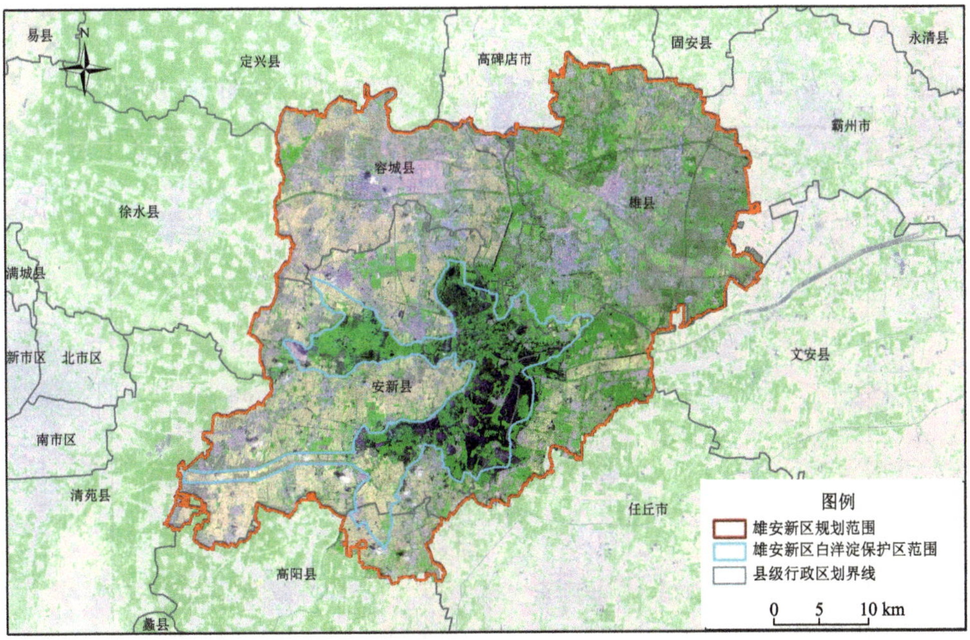

图 3-1 2020 年雄安新区 Sentinel-2 卫星遥感数据

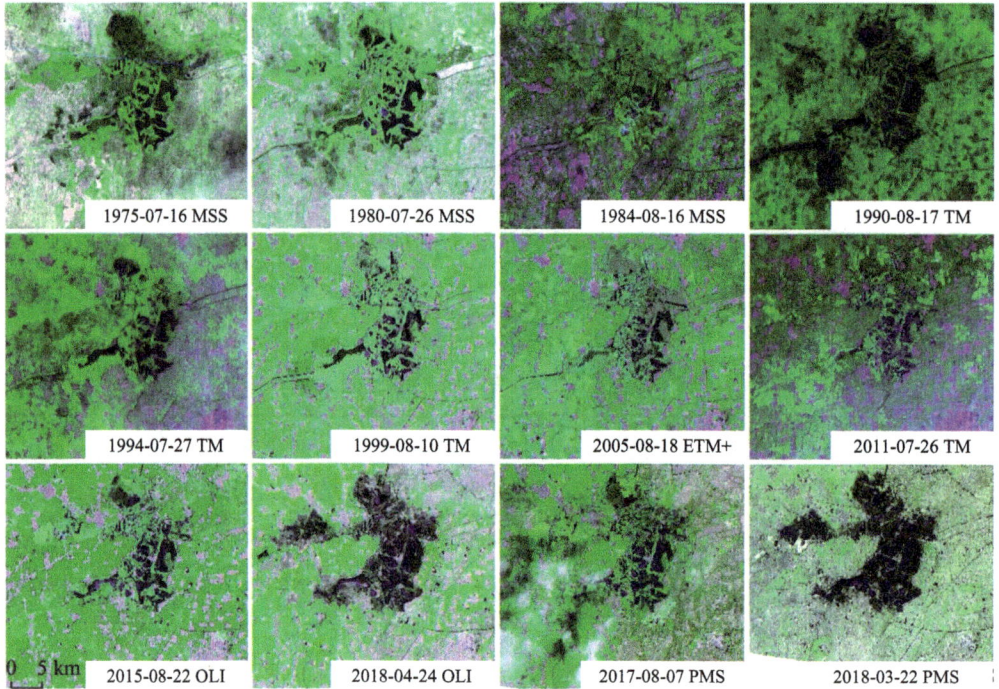

图 3-2　1975—2018 年白洋淀卫星遥感数据收集信息

（2）气象观测数据

收集了气象站保定站多年气温、降水量等气象观测数据，如图 3-3 所示。

图 3-3　气象观测数据要素信息

（3）土壤调查数据

收集了雄安新区及周边地区土壤调查数据。根据全国土壤普查办公室 1995 年编制并出版的《1∶100 万中华人民共和国土壤图》，采用了传统的"土壤发生分类"系统，基本制图单元为亚类，共分出 12 个土纲 61 个土类 227 个亚类。土壤属性数据库记录数据达 2 647 条，属性数据项 16 个，基本覆盖了全国各种类型土壤及其主要属性特征，见表 3-2。

表 3-2 土壤属性数据简述

字段名	代码	类型	字段宽度	小数位数	计量单位说明
剖面编码	PMBH	C	6		
土壤代码	TRDM	N	6		
亚类名称	TRMC	C	40		
PRO_NAME	SSM	C	20		
剖面厚度	PMHD	N	6		
石砾	SL	N	5	2	>2 mm
粗砂	CS	N	5	2	2～0.2 mm 颗粒含量（%）
细砂	XS	N	5	2	0.2～0.02 mm 颗粒含量（%）
粉砂	FS	N	5	2	0.02～0.002 mm 颗粒含量（%）
黏粒	LL	N	5	2	<0.002 2 mm 颗粒含量（%）
有机质	YJZHL	N	5	2	%
全氮	QDHL	N	5	2	%
全磷	QLHL	N	5	2	%
全钾	QJHL	N	5	2	%

（4）统计调查数据

收集了 2008—2016 年的《河北经济年鉴》《保定经济统计年鉴》《保定市水资源公报》等数据。其中，《保定市水资源公报》是反映该市水资源情势的综合性年报，内容包括降水量、地表水资源量、地下水资源量、地下水动态、水质状况、水资源开发利用等。

（5）基础地理数据

主要包括 2020 年国家基础地理信息中心的《1∶100 万公众版基础地理信息数据》、ASTER DEM 30 m 数据和保定市水系分布数据等。

3.1.2　指标选取与确定

在充分掌握雄安新区及白洋淀湿地特征的基础上，选择 Landsat、GF 等多源多尺度卫星遥感数据，结合气象、水文等站点观测数据，利用面向对象、数据耦合、综合分析等空间分析方法，建立了雄安新区及白洋淀生态系统服务功能重要性及生态敏感性评价指标体系，具体见表 3-3。

表 3-3　雄安新区生态保护重要性评价指标体系

序号	一级指标	序号	二级指标		
			雄安新区		
			雄安新区	白洋淀区域	白洋淀以外的陆地区域
0.0	生态保护重要性评价	0.0	生态保护重要性评价	生态保护重要性评价	生态保护重要性评价
1.0	生态系统服务功能重要性评价	1.1	水产品供给功能重要性评价	水产品供给功能重要性评价	无
		1.2	水生植物供给功能重要性评价	水生植物供给功能重要性评价	无
		1.3	气候调节功能重要性评价	气候调节功能重要性评价	无
		1.4	水质改善功能重要性评价	水质改善功能重要性评价	无
		1.5	生物多样性维护功能重要性评价	生物多样性维护功能重要性评价	生物多样性维护功能重要性评价
		1.6	洪水调蓄功能重要性评价	洪水调蓄功能重要性评价	洪水调蓄功能重要性评价
		1.7	水源涵养功能重要性评价	无	水源涵养功能重要性评价
		1.8	水土保持功能重要性评价	无	水土保持功能重要性评价
2.0	生态脆弱（敏感）性评价	2.1	水污染脆弱（敏感）性评价	水污染脆弱（敏感）性评价	水污染脆弱（敏感）性评价
		2.2	湿地变化脆弱（敏感）性评价	湿地变化脆弱（敏感）性评价	无
		2.3	重要自然与文化价值脆弱（敏感）性评价	重要自然与文化价值脆弱（敏感）性评价	重要自然与文化价值脆弱（敏感）性评价

（1）生态系统服务功能重要性指标

1）白洋淀区域

水产品供给功能：指白洋淀湿地提供鱼类、浮游动物、底栖动物等水产品的能力。基于卫星遥感影像，通过人机交互解译获取白洋淀湿地人工养殖鱼塘空间数据，结合《河北经济年鉴》统计数据，评价白洋淀水产品供给功能。

水生植物供给功能：指白洋淀湿地提供挺水植物、沉水植物、浮水植物、漂浮植物等水生植物的能力。基于水生植物覆盖度量化水生植物供给功能，利用卫星遥感影像，采用像元二分模型方法估算水生植物覆盖度。

气候调节功能：指通过白洋淀湿地生态系统中的光合作用、生物泵、钙化作用等生理生态过程实现对 CO_2 的吸收与贮存，同时释放 O_2，并通过食物链（网）进行有机物质循环和能量流动，起到稳定大气组分、减缓温室效应、控制全球变暖的作用。

水质改善功能：指白洋淀湿地生态系统净化水质的能力。基于白洋淀 15 处水质监测断面的水质类别评价水质改善功能，水质类别（受污染）程度越高，认为需要提供的水质改善功能越重要。

生物多样性维护功能：生物多样性包含 3 个层次的含义：遗传多样性，即所有遗传信息的总和，它包含在动植物和微生物个体的基因内；物种多样性，即生命机体的变化和多样化；生态系统多样性，即栖息地、生物群落和生物圈内生态过程的多样化。白洋淀湿地生态系统通过调节组分类型和分布差异，确保生物多样性，为动植物提供良好的栖息场所。

洪水调蓄功能：指白洋淀湿地生态系统内多个水文过程及其水文效应的综合表现。白洋淀湿地具有很好的洪水调蓄能力，湿地湖泊具有较大的容积，可以在汛期大量蓄积洪水，还能借助湿地植被减缓洪水流速，延长泄洪时间，进而削弱对下游的影响，减少洪水灾害。

2）白洋淀以外的陆地区域

生物多样性维护功能：指白洋淀以外的陆地区域内农田生态系统、森林生态系统等通过调节组分类型和分布差异，确保生物多样性，为动植物提供良好的栖息场所的能力。

洪水调蓄功能：指白洋淀以外的陆地区域内大清河、白沟河、唐河、赵王新渠等河流及历史蓄滞洪区具有的洪水调蓄功能。

水源涵养功能：指生态系统内多个水文过程及其水文效应的综合表现，如森林生态系统拦蓄降水或调节河川径流量的功能。水源涵养功能区主要分布在白洋淀以外的陆地区域内的大清河、白沟河等河流阶地等区域。

水土保持功能：水土保持是生态系统（如森林、草地等）通过其结构与过程减少水蚀所导致土壤侵蚀的作用，是生态系统提供的重要调节服务之一。水土保持功能主要与气候、土壤、地形和植被有关。以水土保持量，即潜在土壤侵蚀量与实际土壤侵蚀量的差值，作为生态系统水土保持功能的评价指标。水土保持功能区主要分布在白洋淀以外的陆地区域内的大清河、白沟河等河流阶地等区域。

（2）生态脆弱（敏感）性评价指标

1）白洋淀区域

水污染脆弱（敏感）性：指白洋淀水体受到来自工业废水、生活污水、养殖业、旅游业等污染的影响而引起原有水体污染的敏感程度。根据人类活动干扰，针对白洋淀常年有水区，开展水污染敏感性评价。根据城镇和工矿、农村居民点、耕地等土地利用/覆被类型对淀区水体污染影响的程度，进行水污染敏感性等级划分。

湿地变化脆弱（敏感）性：指白洋淀湿地年际、季节性变化引起的各类湿地（水体、水生植被、滩地）类型和面积变化的敏感程度。针对白洋淀水陆交错地带（水退陆进或水进陆退），分析湿地类型年度、季节性变化特征，进行湿地类型变化频率、变化强度分析，开展湿地类型变化敏感性评价。

重要自然与文化价值脆弱（敏感）性：指有代表性的自然生态系统、珍稀濒危野生动植物的天然集中分布地、有特殊价值的自然遗迹所在地和文化遗址、重要景观与旅游资源分布区等对人类活动干扰而引起原有价值损失的敏感程度。重要自然与文化价值敏感性主要体现在经过国家或省、市、县级认可的保护区，如各类自然保护区、自然文化遗产、风景名胜区、森林公园、地质遗迹和地质公园、旅游区等。

2）白洋淀以外的陆地区域

水污染脆弱（敏感）性：指白洋淀以外的陆地区域内的河流水体受到工业废水、生活污水等污染而引起的原有水体污染的敏感程度。根据白洋淀以外的陆地区域内城镇和工矿、农村居民点、耕地等土地利用/覆被类型对河流水体污染影响的程度，进行水污染敏感性评价。

重要自然与文化价值脆弱（敏感）性：指白洋淀以外的陆地区域内的自然文化遗产、风景名胜区、旅游区等对人类活动干扰而引起原有价值损失的敏感程度。

3.2　生态系统服务功能重要性评价

3.2.1　白洋淀区域生态系统服务功能重要性评价

3.2.1.1　水产品供给功能重要性评价

白洋淀湿地水产品供给功能包括水产品类型和水产品产量。

（1）水产品类型

白洋淀水域广阔，盛产鱼虾，是华北平原最大的渔业生产基地。水产业一直是周边居民赖以生存的产业。在 20 世纪 50 年代，据当时农业部的水产部门调查，当时白洋淀的鱼类有 54 种，浮游动物有 85 种，浮游植物有 129 种，底栖动物有 35 种，野生鸟类有 26 种。

鱼类种群组成具有江河平原淀泊和海河水系鱼类的共同特点，主要有 4 种类型：①溯河洄游性鱼类：如梭鱼、鲻鱼、刺鳊、鳝鱼等，约占总数的 14.8%。②湖泊静水性鱼类：如鱼科 31 种，约占总数的 53%。③山溪性鱼类：如花鳅、马口鱼、赤眼鳟鱼等。④河流型鱼类：如草鱼、鲢鱼、鳊鱼等。青虾、河蟹、元鱼等普遍分布在大大小小的淀泊中。鸟类主要有斑嘴鸭、鹊鹞、小田鸡、黑水鸡、水雉、大沙雉、针尾沙雉、斑鸠、四声杜鹃、翠鸟、啄木鸟等。以野鸭和鸹丁最具代表性，鸹丁体形娇小灵活，叫声清脆悦耳，是白洋淀水域的一大特色。

（2）水产品产量

近年来随着水产业的发展，白洋淀淀区发展了网箱、网围和围堤等养殖技术，水产品产量持续增加。据《河北经济年鉴》，2007—2016 年白洋淀湿地水产品产量由 25 612 t 增加到 37 404 t，增长 46%，具体见表 3-4。

表 3-4　2007—2016 年安新县、容城县、雄县 3 县水产品产量统计

年份	水产品产量/t			
	安新县	容城县	雄县	合计
2007	23 235	1 316	1 061	25 612
2008	25 332	1 418	1 120	27 870
2009	26 500	1 450	802	28 752

年份	水产品产量/t			
	安新县	容城县	雄县	合计
2010	29 618	1 450	580	31 648
2011	30 803	1 453	580	32 836
2012	31 850	1 457	580	33 887
2013	32 805	1 411	580	34 796
2014	33 133	1 403	580	35 116
2015	34 080	1 395	580	36 055
2016	35 443	1 381	580	37 404

水产品产量与白洋淀湿地水产品养殖范围与面积关系密切。基于 2020 年 Landsat-8 卫星遥感影像,通过人机交互解译,获取了白洋淀湿地人工养殖鱼塘空间分布情况(图 3-4)。白洋淀湿地人工养殖鱼塘共 307 处,总面积 36.25 km²。从图 3-4 中还可以看出,水产品养殖地与淀区居民地空间分布位置关系密切,人工鱼塘主要围绕淀区居民地周围密集分布。

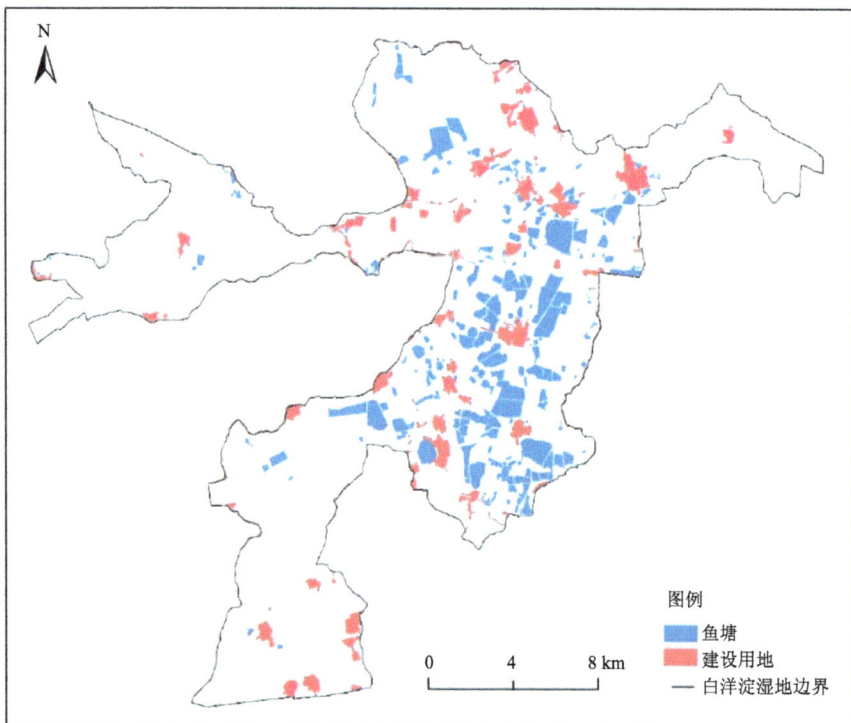

图 3-4　白洋淀湿地人工养殖鱼塘空间分布情况

3.2.1.2 水生植物供给功能重要性评价

白洋淀湿地水生植物资源供给包括植物资源的类型、面积、覆盖度和生物量。

（1）水生植物资源类型

白洋淀湿地水生植物类型包括挺水植物、沉水植物、浮叶根生植物、漂浮植物等。据调查（李峰等，2008），白洋淀共有水生植物 39 种，隶属 21 科 31 属。按照生活型划分，挺水植物共 14 种，占总数的 35.90%，主要物种为芦苇；沉水植物共 14 种，占比 35.90%，主要物种为金鱼藻、狸藻；浮叶根生植物共 8 种，占比 20.51%，主要物种为莲、芡实；漂浮植物 3 种，占比 7.69%，包括稀脉浮萍、紫背浮萍、槐叶萍。具体见表 3-5。

表 3-5　白洋淀湿地水生植物类型

水生植物类型	主要种类
挺水植物	两栖蓼、水蓼、狭叶香蒲、芦苇、荻、荆三棱、花蔺、小灯心草、菰、稗、慈姑、狭叶黑三棱、菖蒲、密穗砖子苗
沉水植物	金鱼藻、五刺金鱼藻、穗花狐尾藻、狸藻、菹草、龙须眼子菜、马来眼子菜、光叶眼子菜、微齿眼子菜、大茨藻、小茨藻、轮叶黑藻、苦草、轮藻属（新发现种）
浮叶根生植物	莲、睡莲、菱、细果野菱、荇菜、芡实、水鳖、萍蓬草
漂浮植物	稀脉浮萍、紫背浮萍、槐叶萍

（2）水生植物资源面积

根据 2020 年 Landsat-8 卫星遥感影像，通过人机交互解译，获取了白洋淀湿地水生植物空间分布（图 3-5）。由于沉水植物、漂浮植物仅在淀区芦苇丛间隙、航道、沟渠等湿地内零星分布，分布少、面积小，从影像上无法解译，因此解译的水生植物只包括挺水植物和浮叶植物。

统计结果显示：白洋淀湿地挺水植物面积 113.78 km^2，占白洋淀湿地总面积的 31.1%。挺水植物分布广泛，在白洋淀湿地北部烧车淀、西部藻苲淀、中部大麦淀、西南部小白洋淀等淀泊区域均有分布。浮叶植物面积 19.60 km^2，占白洋淀湿地总面积的 5.4%。浮叶植物分布范围较小，仅在白洋淀湿地北部烧车淀、西部藻苲淀等局部区域集中分布。

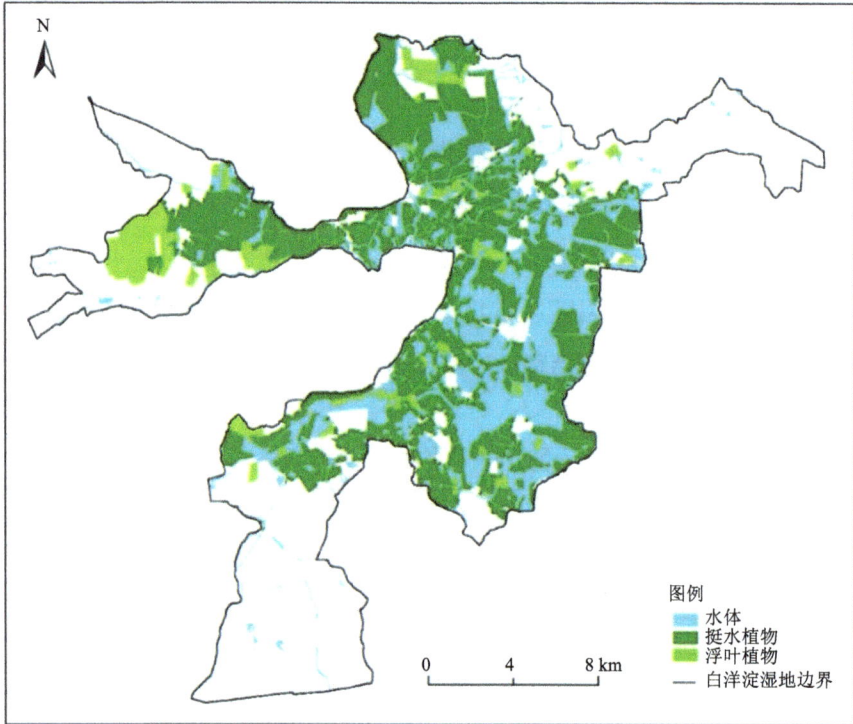

图 3-5　白洋淀湿地水生植物空间分布

（3）水生植物资源覆盖度

基于卫星遥感数据，采用植被覆盖度（FVC）反演方法，分析水生植物覆盖度空间特征。利用遥感技术测量地表植被覆盖度的方法有多种，直接利用植被指数近似估算植被覆盖度是一种比较好的方法，并且相对于其他方法更具有普遍意义，经验证后的模型可以推广到大范围地区，形成通用的植被覆盖度计算方法。根据植被指数估算植被覆盖的原理，利用像元二分模型定量估算植被覆盖度。

像元二分模型是一种简单实用的遥感估算模型，它假设一个像元的地表由有植被覆盖部分地表与无植被覆盖部分地表组成，而遥感传感器观测到的光谱信息也由这 2 个组分因子线性加权合成，各因子的权重是各自的面积在像元中所占的比例，如植被覆盖度可以看作植被的权重。

利用像元二分模型估算植被覆盖度的公式为

$$FVC = \frac{NDVI - NDVI_{soil}}{NDVI_{veg} - NDVI_{soil}}$$

式中，FVC —— 植被覆盖度；

NDVI —— 影像像元的归一化植被指数；

NDVI$_{soil}$ —— 全裸土覆盖像元的 NDVI 值；

NDVI$_{veg}$ —— 全植被覆盖像元的 NDVI 值。

利用上式进行植被覆盖度计算的关键是如何确定参数 NDVI$_{soil}$ 与 NDVI$_{veg}$。

白洋淀湿地水生植物覆盖度如图 3-6 所示。可以看出，白洋淀湿地水生植物覆盖度总体较高，大部分地区覆盖度大于 60%，在淀区北部、西部和南部的局部地区覆盖度较小。水生植物覆盖度与水生植物种类关系密切，水生植物覆盖度较高的种类多为浮叶植物，主要由于浮叶植物叶片较大，且分布密集。

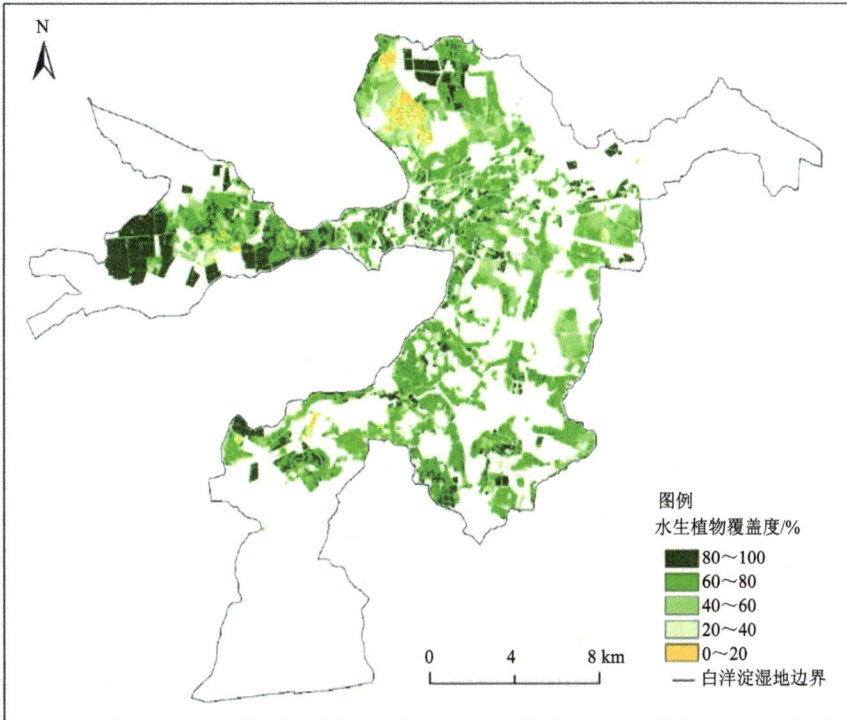

图 3-6　白洋淀湿地水生植物覆盖度

（4）水生植物资源生物量

基于卫星遥感数据，采用植被净初级生产力（NPP）反演方法，分析水生植物生物量空间特征。利用遥感技术反演地表植被净初级生产力的方法模型有多种，相较于气候相关模型、光能利用率模型、过程模型等方法，基于经验统计模型直接利用植被指数近似估算植被净初级生产力是一种比较简便实用的方法。

白洋淀湿地缺乏实测 NPP 数据，因此以 MODIS NPP 产品为参照，建立 Landsat-8 OLI NDVI 与 MODIS NPP 产品的统计模型。随机在白洋淀湿地选取 100 个点位，建立这些点位 Landsat-8 OLI NDVI 与 MODIS NPP 的回归模型（图 3-7）。

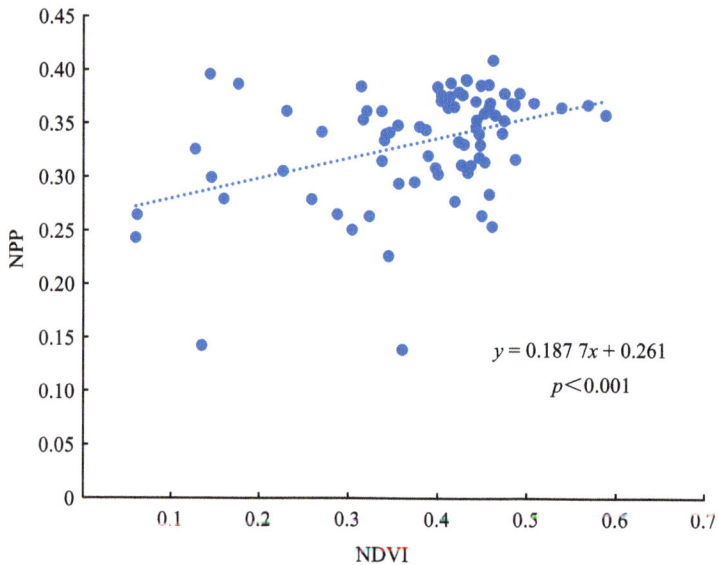

图 3-7　Landsat-8 OLI NDVI 与 MODIS NPP 的回归模型

建立基于 Landsat-8 OLI NDVI 的白洋淀湿地 NPP 统计模型如下：

$$y=0.187\ 7x+0.261\ (p<0.001)$$

式中，x —— NDVI；

　　　y —— NPP 年总量。

基于上式，白洋淀湿地水生植物生物量反演结果如图 3-8 所示。可以看出，白洋淀湿地水生植物生物量为 0.22～0.38 kgC/（m^2·a），与李峰等（2008）水生植被群落生物量计算结果基本一致。

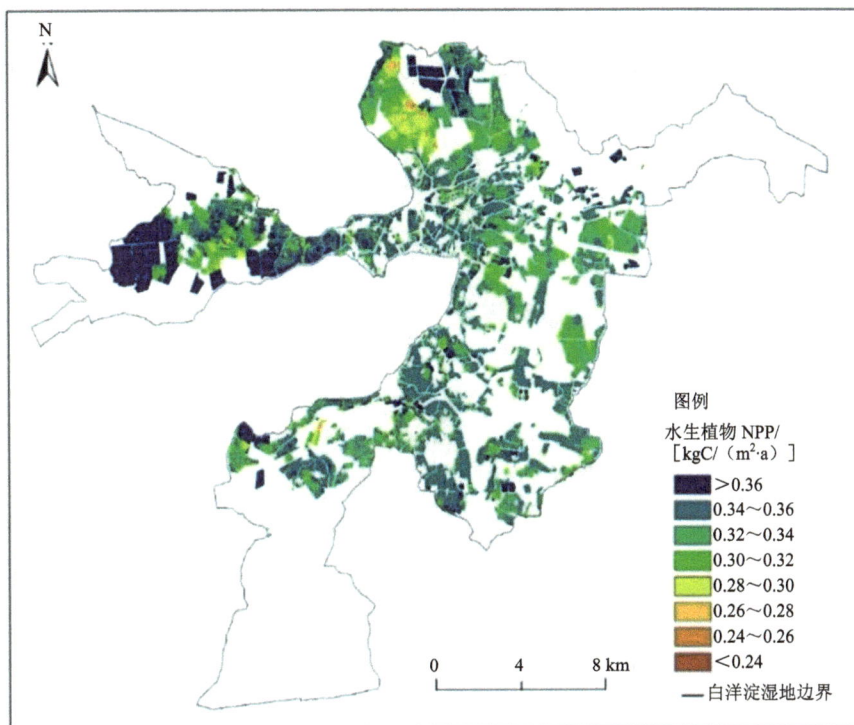

图 3-8　白洋淀湿地水生植物生物量反演结果

3.2.1.3　气候调节功能重要性评价

气候调节是指通过湿地生态系统中的光合作用、生物泵、钙化作用等生理生态过程实现对 CO_2 的吸收与贮存，同时释放 O_2，并通过食物链（网）进行有机物质循环和能量流动，起到稳定大气组分、减缓温室效应、控制全球变暖的作用。

基于植被净初级生产力（NPP）测算固碳量和释氧量，从而评价白洋淀湿地气候调解功能。由植物光合作用方程可知，植物每生产 1 kg 干物质，能固定 1.63 $kgCO_2$，同时向空气中释放 1.2 kgO_2。基于 NPP 测算固碳量和释氧量模型如下：

固碳量：$V_{CO_2} = A \times NPP \times 1.63$

释氧量：$V_{O_2} = A \times NPP \times 1.2$

式中，A —— 湿地生态系统面积；

　　　 NPP —— 净初级生产力；

　　　 V_{CO_2} —— 固碳量；

　　　 V_{O_2} —— 释氧量。

　　根据白洋淀湿地固碳、释氧反演结果空间分布图（图 3-9、图 3-10）可以看出，白洋淀湿地生态系统固碳量为 0.36~0.62 kg/（m²·a），释氧量为 0.27~0.46 kg/（m²·a）。

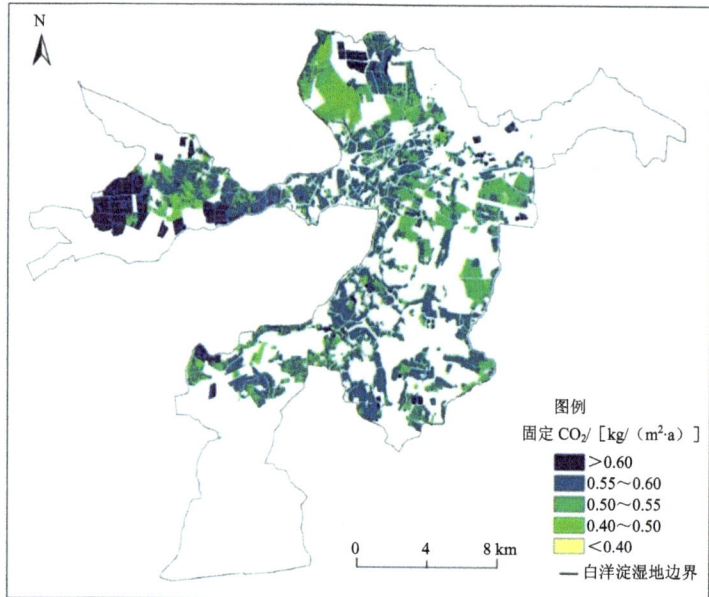

图 3-9　白洋淀湿地固定 CO_2 量反演结果

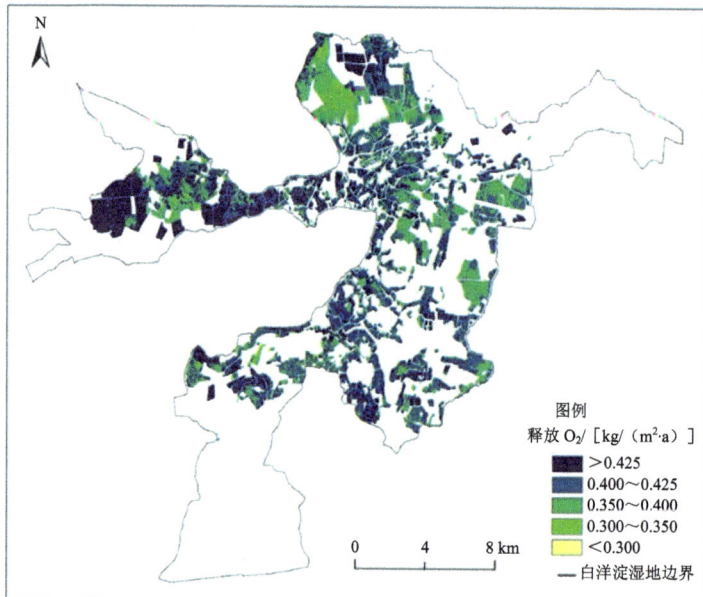

图 3-10　白洋淀湿地释放 O_2 量反演结果

3.2.1.4 水质改善功能重要性评价

水质改善功能指白洋淀湿地生态系统净化水质的能力。基于《2016 年保定市水资源公报》中白洋淀 15 处水质监测断面的水质类别评价水质改善功能，水质类别（受污染）程度越高，需要提供的水质改善功能越重要。

依据《2016 年保定市水资源公报》，2016 年白洋淀水质断面共 15 个，其中同口、北何庄全年淀干；留通、郭里口、王家寨为Ⅳ类水质，其他 10 个断面均为Ⅴ类水质，具体见表 3-6。与 2015 年相比，关城和安新桥水质类别由劣Ⅴ类变为Ⅴ类，留通水质类别由Ⅴ类变为Ⅳ类，其他监测断面水质类别没有变化。淀区水质的主要超标项目为化学需氧量、五日生化需氧量、高锰酸盐指数、氨氮等，富营养化程度仍十分严重。

表 3-6   2016 年白洋淀水质状况

河名	水功能区	区域	站名	水质类别	水质目标
白洋淀	湿地保护区	白洋淀淀区	关城	Ⅴ	Ⅲ
白洋淀	湿地保护区	白洋淀淀区	安新桥	Ⅴ	Ⅲ
白洋淀	湿地保护区	白洋淀淀区	端村	Ⅴ	Ⅲ
白洋淀	湿地保护区	白洋淀淀区	大张庄	Ⅴ	Ⅲ
白沟河	湿地保护区	白洋淀淀区	留通	Ⅳ	Ⅲ
白洋淀	湿地保护区	白洋淀淀区	郭里口	Ⅳ	Ⅲ
白洋淀	湿地保护区	白洋淀淀区	王家寨	Ⅳ	Ⅲ
白洋淀	湿地保护区	白洋淀淀区	涝王淀	Ⅴ	Ⅲ
白洋淀	湿地保护区	白洋淀淀区	圈头	Ⅴ	Ⅲ
白洋淀	湿地保护区	白洋淀淀区	光淀张庄	Ⅴ	Ⅲ
白洋淀	湿地保护区	白洋淀淀区	前塘	Ⅴ	Ⅲ
白洋淀	湿地保护区	白洋淀淀区	采莆台	Ⅴ	Ⅲ
白洋淀	湿地保护区	白洋淀淀区	枣林庄	Ⅴ	Ⅲ

注：同口、北何庄全年淀干，总磷、总氮不参评。

基于表 3-6 中白洋淀水质状况，利用普通克里格法（Ordinary Kriging，OK）对各断面水质类别进行空间插值，裁剪后得到白洋淀湿地水质状况栅格数据（图 3-11）。可以看出，由于府河、唐河等河流上游水源污染，淀区西部藻苲淀、南部小白洋淀区域水质类别为劣Ⅴ类，水体污染严重。

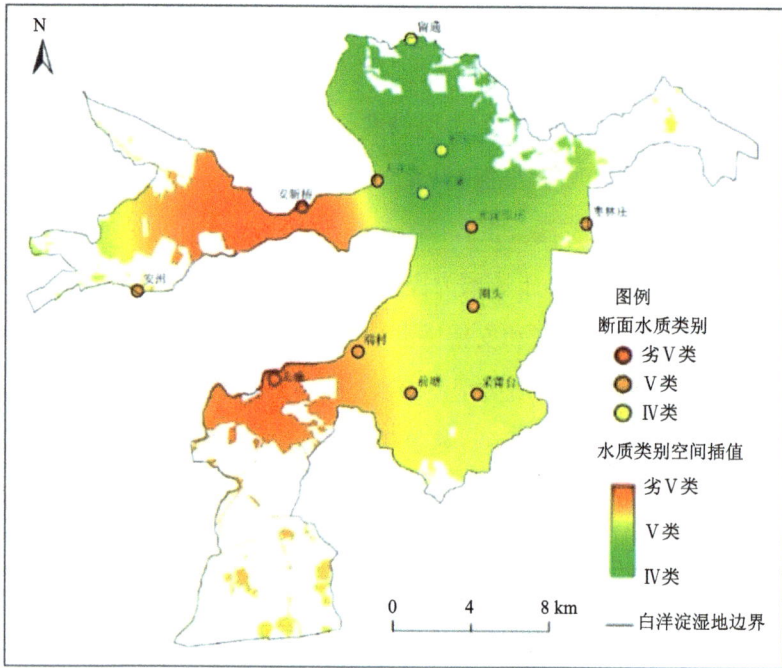

图 3-11   2016 年白洋淀水质状况评价

3.2.1.5   生物多样性维护功能重要性评价

生物多样性包含 3 个层次的含义：遗传多样性，即所有遗传信息的总和，它包含在动植物和微生物个体的基因内；物种多样性，即生命机体的变化和多样化；生态系统多样性，即栖息地、生物群落和生物圈内生态过程的多样化。

基于遥感的生物多样性监测评价一般分为以下 3 种方法，分别为基于景观指数的生物多样性监测评价、基于光谱变异性的生物多样性监测评价，以及基于植被指数的生物多样性监测评价。本研究采用生境质量指数方法。

（1）方法原理

通过建立生物生境质量指数，评价白洋淀湿地生物多样性维护功能。生物生境质量指数计算方法如下：

$$Q_{ij} = H_j \left[1 - \left(\frac{D_{ij}}{D_{ij} + K} \right) \right]$$

式中，Q_{ij} —— 第 j 类湿地类型中栅格 i 的生境质量指数；

H_j —— 第 j 类湿地类型的生境适应性；

D_{ij} —— 第 j 类湿地类型中栅格 i 的生境胁迫水平；

K —— 半饱和常数，当 $1-\left(\dfrac{D_{ij}}{D_{ij}+K}\right)=0.5$ 时，K 值等于 D 值。

$$D_{ij}=\sum_{r=1}^{R}\sum_{y=1}^{Y_r}\left(\frac{w_r}{\sum\limits_{r=1}^{R}w_r}\right)r_y l_{riy}\beta_i S_{jr}$$

式中，w_r —— 胁迫因子 r 的权重；

l_{riy} —— 栅格 i 中胁迫因子 r（r_y）对栅格 y 生境的胁迫作用；

r_y —— 栅格 y 的胁迫因子；

β_i —— 栅格 i 的可达性水平；

S_{jr} —— 第 j 类湿地类型对胁迫因子 r 的敏感性。

$$l_{riy}=1-\left(\frac{d_{iy}}{d_{r\max}}\right)$$

式中，d_{iy} —— 栅格 i 与栅格 y 之间的直线距离；

$d_{r\max}$ —— 胁迫因子 r 的最大影响距离。

生物生境质量指数计算主要参数及数据源信息见表 3-7。

表 3-7　生物生境质量指数计算主要参数及数据源信息

参数	含义	数据源
j	湿地类型	来源于遥感解译
r_y	栅格 y 的胁迫因子	来源于基础地形图、遥感解译的土地利用/土地覆被图
w_r	胁迫因子 r 的权重（0，1）	参阅文献或咨询专家
d_{iy}	栅格 i 与栅格 y 之间的直线距离	参阅文献或咨询专家
β_i	栅格 i 的可达性水平（0，1）	参阅文献或咨询专家
S_{jr}	第 j 类湿地类型对胁迫因子 r 的敏感性（0，1）	参阅文献或咨询专家

（2）方法实现

利用生态系统服务评价工具 InVEST 模型（Integrated Valuation of Ecosystem Services and Tradeoffs Model），选择其中的生境质量模块。InVEST 模型假设生境质量好的地区，其生物多样性也高。生物多样性与生态系统服务的生产有着密切的联系。生物多样性本质具有空间化特征，因此，可以通过分析土地利用和土地覆盖（LULC）图及其对生物多样性威胁程度计算得到。

1）每一种威胁的相对影响（威胁因子数据）

白洋淀自然环境受威胁的因子包括建设用地、耕地（包括旱地和水田）等人类活动集中的类型，其中建设用地是人类活动最为集中的体现。因此将建设用地、旱地、水田作为威胁因子；各威胁因子最大影响距离、权重及不同生境类型对胁迫因子敏感性的设置结合 InVEST 模型的实例，参照相关研究以及专家建议进行赋值（表3-8）。

表3-8   生态威胁因子属性

威胁因子	最大影响距离/km	权重	衰退相关性
水田	1	0.5	线性
旱地	2	0.8	线性
建设用地	3	1	指数

2）每一种生境类型对每一种威胁的相对敏感性

不同生境类型对不同威胁因子的敏感度见表3-9。

表3-9   不同生境类型对不同威胁因子的敏感度

土地覆被类型	生境适宜性	水田	旱地	建设用地
水体	1	0.5	0.7	0.9
挺水植物	0.9	0.5	0.7	0.9
浮叶植物	0.8	0.6	0.8	0.9
滩地	0.5	0.1	0.4	0.7
水田	0.5	0	0.5	0.9
旱地	0.3	0	0	0.5
建设用地	0	0	0	0
林地	0.9	0.5	0.5	0.5

3）栅格单元与威胁栅格之间的距离

栅格 i 与威胁栅格之间的直线距离。

4）单元受到的合法保护的水平

可选参数，默认情况下保护水平一致，赋值为1。

（3）评价结果

生境质量指数在模型中呈现在栅格图层上 0～1 连续变化的值，值越靠近 1，生境质量越好，就相对越完整，并具有相应的结构和功能，有利于生物多样性的维持。通常，土地利用强度的增加会引起威胁源地的增加和强度的增大，而使其附近的生境质量退化。将白洋淀湿地生境质量指数运算结果划分为 0～0.3、0.3～0.6、0.6～0.9、0.9～1.0 共计 4 个区间，并据此将生境质量划分为低、中、良好和优 4 个级别。从空间格局来看，白洋淀湿地总体生境质量处于较高水平，良好、优等级生境占据绝大部分面积（图 3-12）。生境质量呈现出从白洋淀中心地区向外逐渐递减的趋势。白洋淀湿地中部的大麦淀及其附近地区的生境质量指数多在 0.6 以上。北部烧车淀、西部藻苲淀、南部小白洋淀的局部地区，受到的威胁程度较大，生境质量指数多在 0.6 以下。此外，东北部、西部、南部等地区（多为建设用地、旱地、水田），生境质量指数多在 0～0.3。

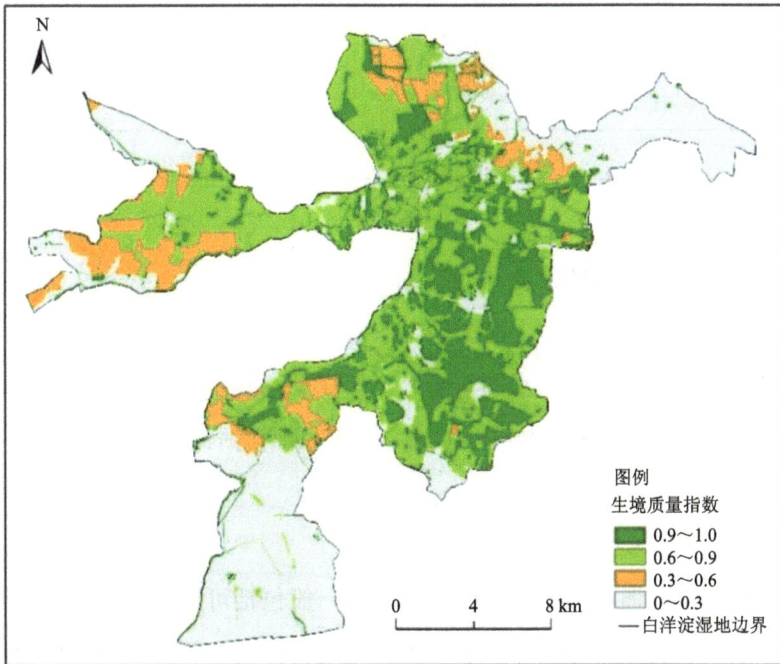

图 3-12　白洋淀湿地生境质量评价结果

从白洋淀湿地生境质量退化水平评价结果可以看出（图 3-13），生境质量退化严重地区为生态威胁因子（水田-城乡建设用地-旱地及其过渡地带）增加的东北部、西部、南部等地区；受生态威胁因子影响，白洋淀湿地中部地区生境质量退化水平较外围高，表明白洋淀湿地存在潜在生境质量退化风险。

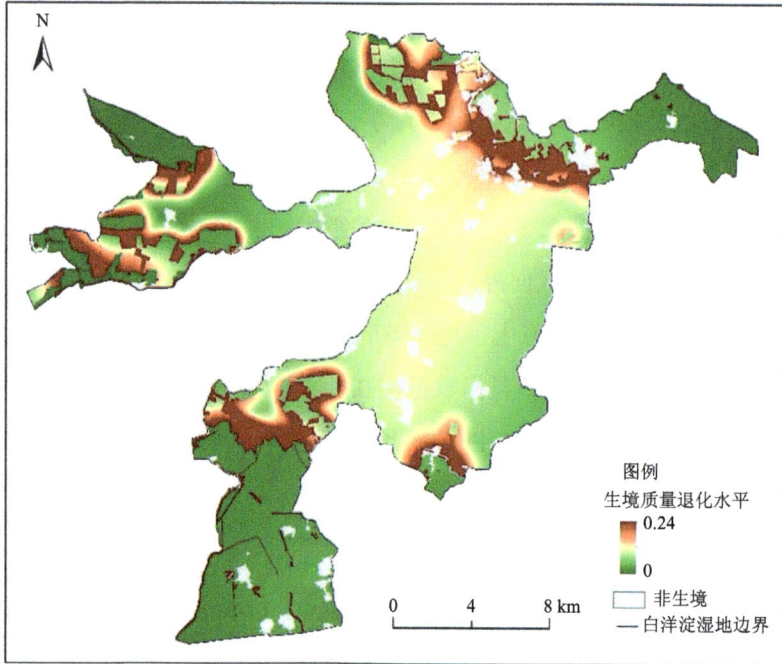

图 3-13　白洋淀湿地生境质量退化水平评价结果

3.2.1.6　洪水调蓄功能重要性评价

洪水调蓄功能重要性是指白洋淀湿地生态系统内多个水文过程及其水文效应的综合表现。白洋淀湿地具有很好的洪水调蓄能力，湿地湖泊具有较大的容积，可以在汛期大量蓄积洪水，还能借助湿地植被减缓洪水流速，延长泄洪时间，进而削弱对下游的影响，减少洪水灾害。

（1）评价方法

湿地生态系统洪水调蓄功能重要性评价方法一般包括可调蓄水量法、调蓄洪水价值法等模型评价法，以及分类分级评价法。本研究采用分类分级评价法开展白洋淀区域湿地生态系统洪水调蓄功能重要性评价。白洋淀湿地生态系统洪水调蓄功能主要体现在湿地湖泊、湿地植被、滩地等蓄积洪水、减缓洪水流速等方面。洪水调蓄功能重要性按照不同湿地类型可分为 3 个级别（表 3-10），即极重要、重要、一般重要。分析白洋淀湿地各类湿地类型，开展洪水调蓄功能重要性评价。

表 3-10　洪水调蓄功能重要性分类分级指标

湿地类型	极重要	重要	一般重要
湖泊水体	√		
鱼塘	√		
航道	√		
水生植被		√	
滩地		√	
其他			√

（2）评价结果

白洋淀湿地洪水调蓄功能重要性评价结果如图 3-14 所示。从空间格局来看，白洋淀湿地洪水调蓄功能重要性总体较高，大部分区域洪水调蓄重要性等级为极重要。

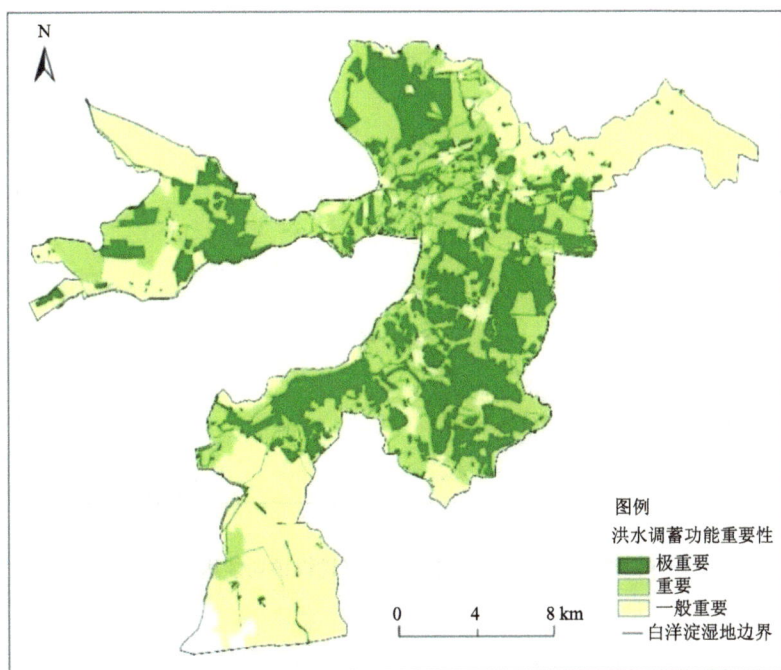

图 3-14　白洋淀湿地洪水调蓄功能重要性评价结果

3.2.2 白洋淀以外的陆地区域生态系统服务功能重要性评价

3.2.2.1 生物多样性维护功能重要性评价

通过建立生物生境质量指数，评价白洋淀以外的陆地区域生物多样性维护功能。基于 2020 年雄安新区土地覆被遥感解译数据，利用 InVEST 模型，开展生物多样性维护功能重要性评价，结果如图 3-15 所示。从空间格局来看，白洋淀以外的陆地区域生物多样性维护功能重要性总体较低。

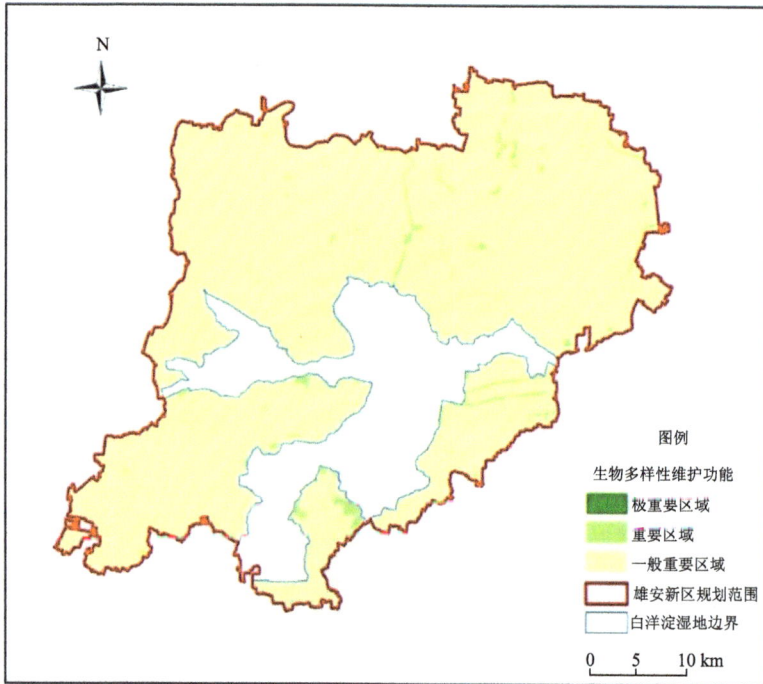

图 3-15 白洋淀以外陆地区域生物多样性维护功能重要性评价结果

3.2.2.2 洪水调蓄功能重要性评价

白洋淀以外的区域洪水调蓄功能主要体现在唐河、府河、白沟引河等入淀河流，以及大清河及其蓄滞洪区等蓄积洪水、减缓洪水流速等方面。分析白洋淀以外的区域各类河流、滩地、蓄滞洪区等类型，开展洪水调蓄功能重要性评价。白洋淀以外的陆地区域洪水调蓄功能重要性评价结果如图 3-16 所示。从空间格局来看，洪水调蓄功能重要性总体较低，仅大清河、白沟引河洪水调蓄功能重要性等级为重要。

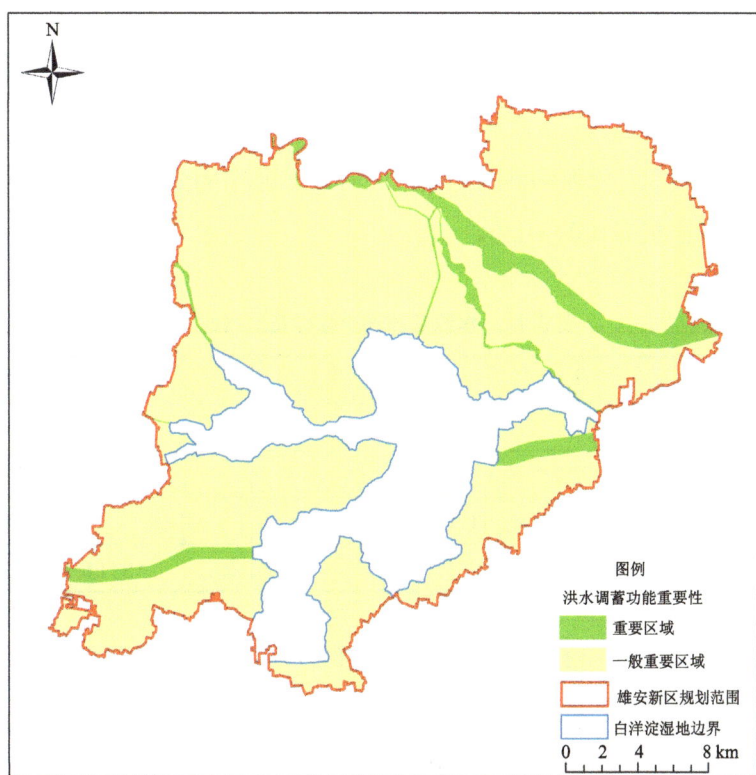

图 3-16　白洋淀以外的陆地区域洪水调蓄功能重要性评价结果

3.2.2.3　水源涵养功能重要性评价

（1）评价方法

基于遥感的水源涵养功能监测评价一般分为两种方法，即基于水量平衡方程的模型评价法、基于净初级生产力（NPP）的定量指标评价法。本研究采用后者对白洋淀以外的陆地区域生态系统水源涵养功能进行评价。

基于 NPP 定量指标评价法进行生态系统水源涵养功能评价，主要是利用遥感、地理等空间数据建立水源涵养和各影响因子之间的相关性模型，从而进行水源涵养监测与评价，评价模型见下式：

$$WR = NPP_{mean} \times F_{sic} \times F_{pre} \times (1 - F_{slo})$$

式中，WR —— 生态系统水源涵养能力指数；

NPP$_{mean}$ —— 植被净初级生产力多年平均值；

F_{sic} —— 土壤渗流因子；

F_{pre} —— 多年平均降水量因子；

F_{slo} —— 坡度因子。

根据上述评价模型，水源涵养功能评价所需数据包括 NPP 数据集、土壤数据集、气象数据集、高程数据集等（表 3-11）。

表 3-11　水源涵养评价指标及数据源

水源涵养指标	计算公式	数据源
NPP$_{mean}$	—	Landsat OLI
F_{pre}	—	气象站点数据
F_{sic}	F_{sic}=T_USDA_TEX/13	中国 1∶100 万土壤数据库
F_{slo}	—	ASTER DEM 30 m

基于多期 Landsat OLI 数据，计算植被净初级生产力多年平均值 NPP$_{mean}$；基于多年气象站点降水数据，并通过空间插值方法，得到多年平均降水量因子 F_{pre}；基于 1∶100 万土壤数据库中 T_USDA_TEX 属性字段，按照表 3-11 中公式计算土壤渗流因子 F_{sic}；基于 ASTER DEM 30 m 数据，计算坡度因子 F_{slo}。在此基础上，将各指标归一化处理为 0～1，计算生态系统水源涵养能力指数（WR），并根据 WR 值分布特征，结合雄安新区区域特征，将水源涵养功能重要性分为极重要、重要、一般重要 3 个等级。

（2）评价结果

白洋淀以外的陆地区域水源涵养功能重要性评价结果如图 3-17 所示。从结果可以看出，雄安新区水源涵养功能重要性总体较低，水源涵养功能等级为重要的区域主要分布在大清河、白沟河等河流阶地，其他区域等级均为一般重要。

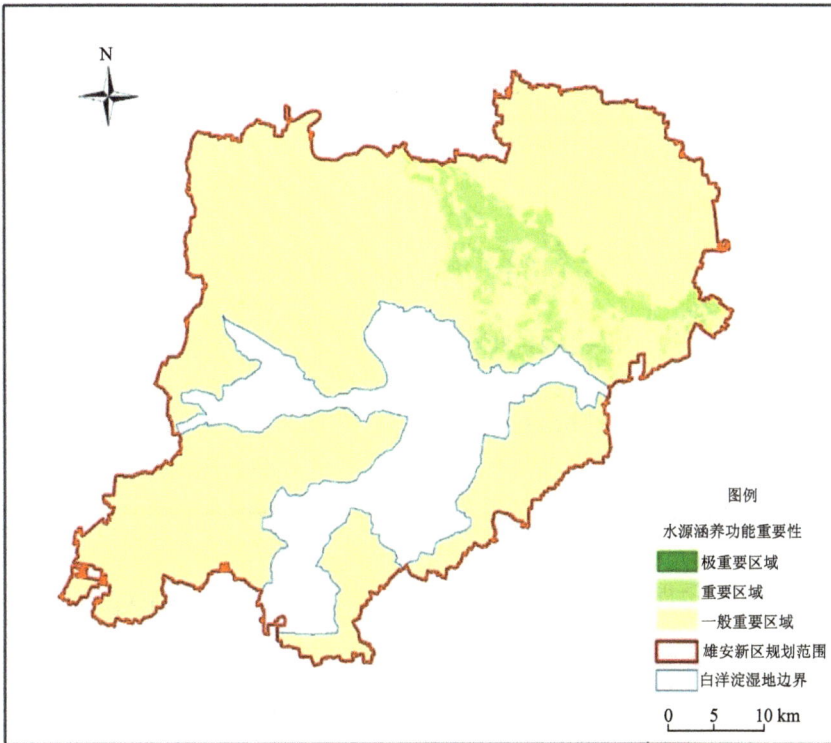

图 3-17 白洋淀以外的陆地区域水源涵养功能重要性评价结果

3.2.2.4 水土保持功能重要性评价

（1）评价方法

采用修正通用水土流失方程（RUSLE）的水土保持服务模型开展评价，公式如下：

$$A_c = A_p - A_r = R \times K \times L \times S \times (1-C)$$

式中，A_c —— 水土保持量，t/（hm²·a）；

A_p —— 潜在土壤侵蚀量，t/（hm²·a）；

A_r —— 实际土壤侵蚀量，t/（hm²·a）；

R —— 降雨侵蚀强度因子，MJ·mm/（hm²·h·a）；

K —— 土壤可蚀性因子，t·hm²·h/（hm²·MJ·mm）；

L、S —— 分别为坡长、坡度因子；

C —— 植被覆盖因子。

根据上述评价模型，水土保持功能评价所需数据源包括土壤数据集、气象数据集、高程数据集、NDVI 数据等（表 3-12）。

表 3-12　水土保持功能评价指标及数据源

水土保持指标	计算公式	参数含义	数据源
降雨侵蚀强度因子（R）	$$\overline{R} = \frac{1}{N}\sum_{i=1}^{N}\left(\alpha\sum_{j=1}^{m}P^{\beta}d_{ij}\right)$$ $$\alpha = 21.239\beta^{-7.3967}$$ $$\beta = 0.6243 + \frac{27.346}{\overline{P_{d12}}}$$	i 为所用降雨资料的年份，$i=1$，2，$\cdots$，N；j 为第 i 年侵蚀性降雨日的天数，$j=1$，2，$\cdots$，m；P 为年均降水量；d_{ij} 为第 i 年第 j 个侵蚀性日降水量；$\overline{P_{d12}}$ 为日降水量≥12 mm 的日平均降水量	气象站点数据
土壤可蚀性因子（K）	$$K = \left\{0.2 + 0.3\exp\left[-0.0256S_a\left(1-\frac{S_i}{100}\right)\right]\right\}\left(\frac{S_i}{C_l+S_i}\right)^{0.3}$$ $$\times\left[1-\frac{0.25C_0}{C_0+\exp(3.72-2.95C_0)}\right]$$ $$\times\left[1-\frac{0.7S_n}{S_n+\exp(-5.51+22.9S_n)}\right]$$	S_a 为土壤粗砂含量，S_i 为土壤粉砂含量，C_l 为土壤黏粒含量，C_0 为有机碳含量，$S_n=1-S_a/100$	中国 1∶100 万土壤数据库
坡长、坡度因子（L、S）	$$L = (\lambda/22.13)^m$$ $$m = \begin{cases} 0.2 & \theta\leqslant1° \\ 0.3 & 1°<\theta\leqslant3° \\ 0.4 & 3°<\theta\leqslant5° \\ 0.5 & \theta>5° \end{cases}$$ $$S = \begin{cases} 10.8\sin\theta+0.03 & \theta<5° \\ 16.8\sin\theta-0.5 & 5°\leqslant\theta<10° \\ 21.9\sin\theta-0.96 & \theta\geqslant10° \end{cases}$$	λ 为坡长（m），m 为坡长指数，θ 为坡度（°）	ASTER DEM 30 m
植被覆盖因子（C）	$$C = \frac{\text{NDVI} - \text{NDVI}_{\text{soil}}}{\text{NDVI}_{\text{veg}} - \text{NDVI}_{\text{soil}}}$$	NDVI 为植被指数，$\text{NDVI}_{\text{soil}}$ 为完全是裸土或无植被覆盖区域的 NDVI 值，NDVI_{veg} 则代表完全被植被所覆盖像元的 NDVI 值	Landsat OLI NDVI

　　基于气象站点多年的逐日降水量资料，通过插值获得降雨侵蚀强度因子 R；基于 1：100 万土壤数据库，计算土壤可蚀性因子 K；基于 ASTER DEM 30 m 数据，计算坡度 S、坡长 L 因子；基于 Landsat OLI NDVI 数据，计算得到植被覆盖因子 C。在此基础上，计算生态系统水土保持量 A_c。根据 A_c 值分布特征，结合雄安新区区域特征，将水土保持功能重要性分为 3 个等级，即极重要、重要、一般重要。

　　（2）评价结果

　　白洋淀以外的陆地区域生态系统水土保持功能重要性评价结果如图 3-18 所示。从结果可以看出，雄安新区水土保持功能重要性总体较低，水土保持功能等级为重要的区域主要分布在大清河、白沟河等河流阶地，其他区域等级均为一般重要。

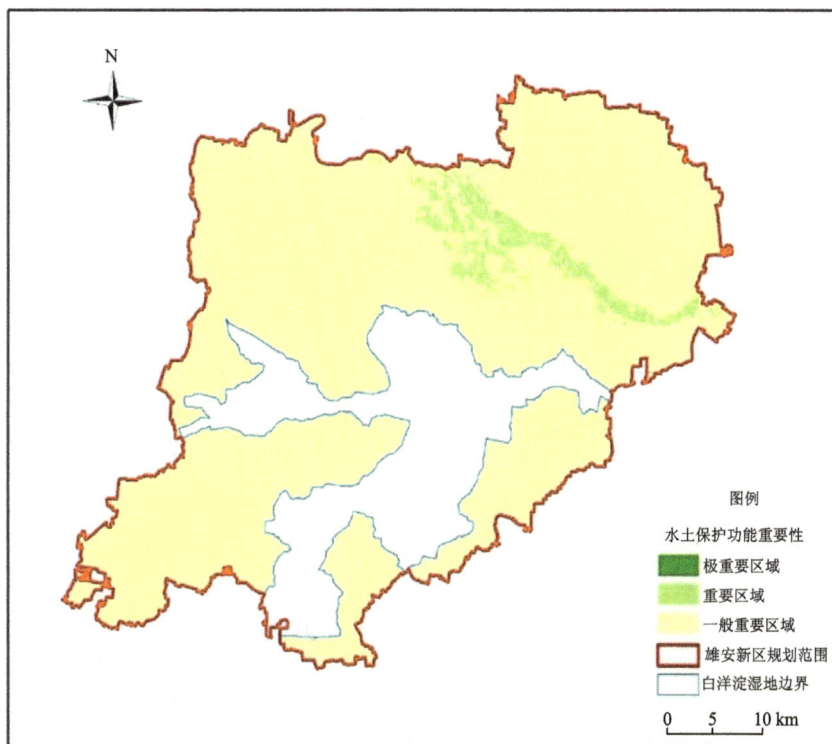

图 3-18　白洋淀以外的陆地区域水土保持功能重要性评价结果

3.2.3 雄安新区生态系统服务功能重要性评价结果

3.2.3.1 生态系统服务功能重要性单项指标评价结果

雄安新区生态系统服务功能重要性单项指标评价结果如图 3-19 所示。

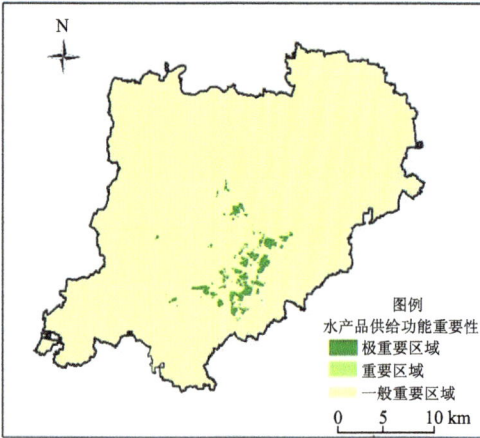

（a）水产品供给功能重要性

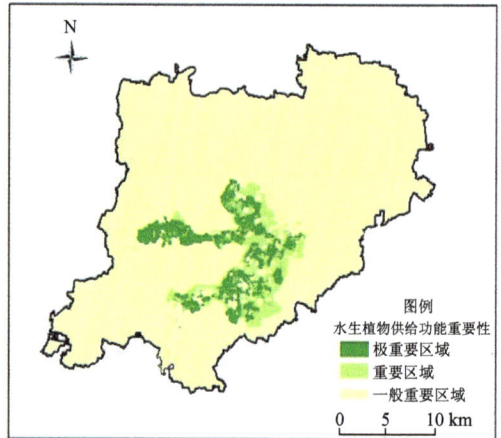

（b）水生植物供给功能重要性

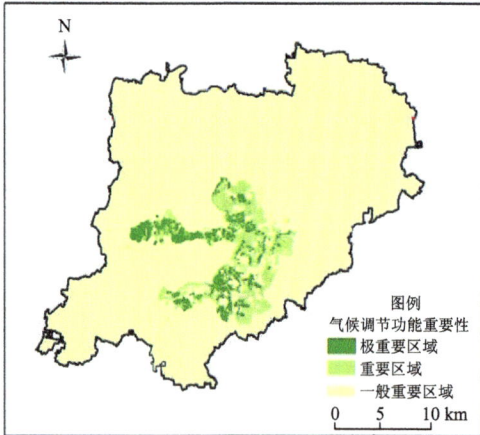

（c）气候调节功能重要性

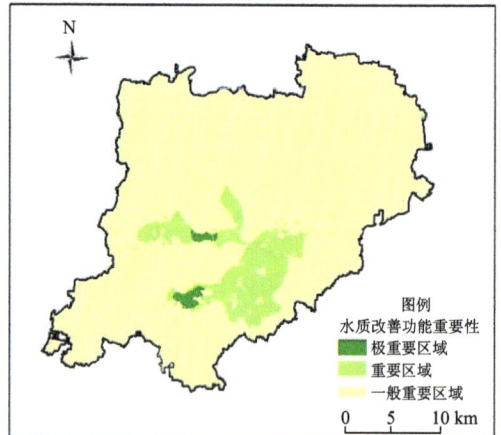

（d）水质改善功能重要性

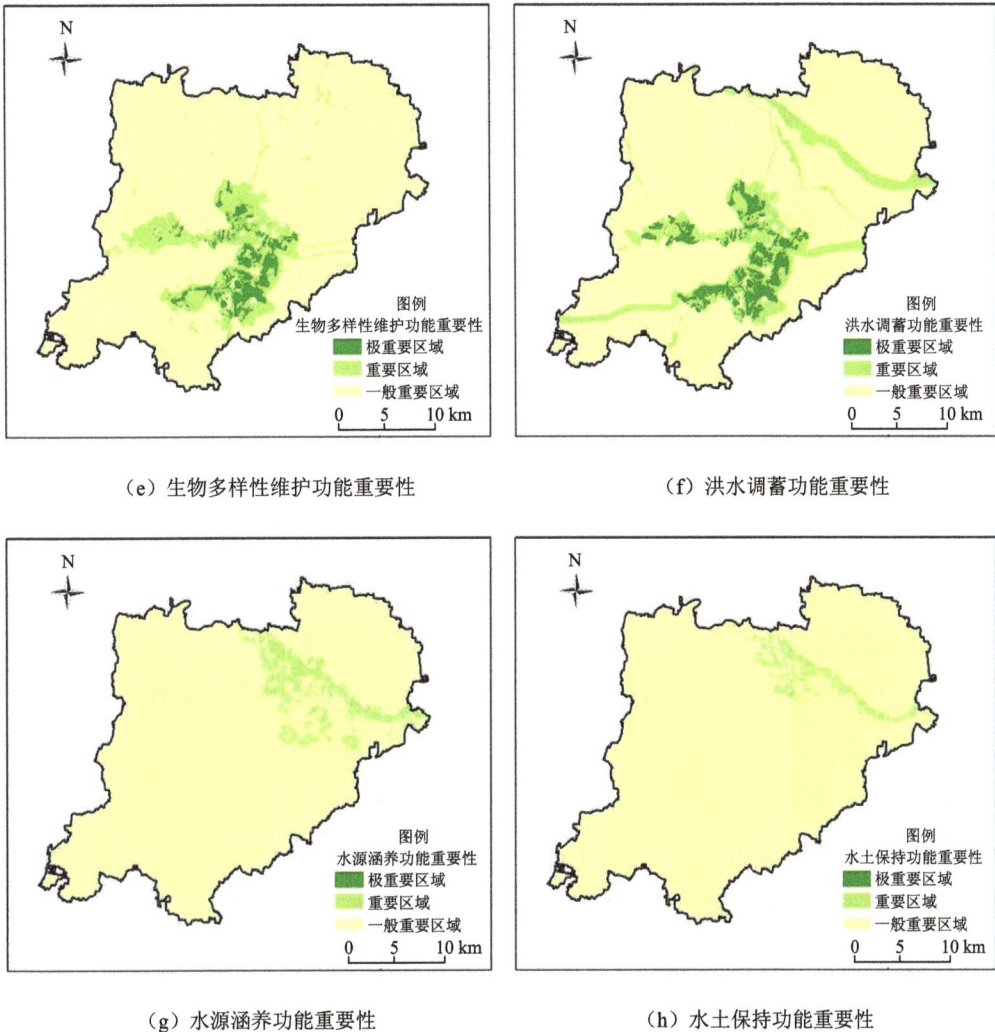

（e）生物多样性维护功能重要性　　　（f）洪水调蓄功能重要性

（g）水源涵养功能重要性　　　（h）水土保持功能重要性

图 3-19　雄安新区生态系统服务功能重要性单项指标评价结果

（1）水产品供给功能重要性

2020 年雄安新区白洋淀湿地人工养殖鱼塘共 307 处，总面积 36.25 km²。从空间分布来看，人工养殖鱼塘主要围绕淀区居民地周围密集分布，表明了淀区人民居住与水产养殖的空间相互作用关系。

（2）水生植物供给功能重要性

2020 年雄安新区白洋淀湿地挺水植物面积 113.78 km²，占白洋淀湿地总面积的 31.1%，广泛分布在白洋淀北部烧车淀、西部藻苲淀、中部大麦淀、西南部小白洋淀等淀泊区域；浮叶植物面积 19.60 km²，占白洋淀湿地总面积的 5.4%，仅在白洋淀湿地北部烧车淀、西部藻苲淀等局部区域集中分布。水生植物覆盖度总体较高，且与水生植物种类关系密切，浮叶植物覆盖度高于挺水植物，主要是由于浮叶植物叶片较大、分布密集。

（3）气候调节功能重要性

根据雄安新区白洋淀湿地 2020 年固碳、释氧反演结果可知，白洋淀湿地生态系统固碳量为 0.36～0.62 kg/（m²·a），释氧量为 0.27～0.46 kg/（m²·a）。

（4）水质改善功能重要性

由于府河、唐河等河流上游水源污染，淀区西部藻苲淀、南部小白洋淀区域水质类别为劣 V 类，水体污染严重，说明需要提供的水质改善功能极重要。

（5）生物多样性维护功能重要性

雄安新区白洋淀湿地生境质量总体处于较高水平，呈现出从白洋淀中心地区向外逐渐递减的趋势。北部烧车淀、西部藻苲淀、南部小白洋淀的局部地区，受到的威胁程度较大，生境质量指数多在 0.6 以下。此外，东部、西北部、南部等地区（多为建设用地、旱地、水田），生境质量指数多在 0～0.3。白洋淀以外的陆地区域生物多样性维护功能重要性总体较低。

（6）洪水调蓄功能重要性

雄安新区白洋淀湿地洪水调蓄功能重要性总体较高，大部分区域洪水调蓄重要性等级为极重要。白洋淀以外的陆地区域洪水调蓄功能重要性总体较低，仅大清河、白沟引河洪水调蓄重要性等级为极重要。

（7）水源涵养功能重要性

雄安新区水源涵养功能重要性总体较低，水源涵养功能等级为重要的区域主要分布在大清河、白沟河等河流阶地，其他区域等级均为一般重要。

（8）水土保持功能重要性

雄安新区水土保持功能重要性总体较低，水土保持功能等级为重要的区域主要分布在大清河、白沟河等河流阶地，其他区域等级均为一般重要。

3.2.3.2 生态系统服务功能重要性综合评价结果

雄安新区生态系统服务功能重要性综合评价结果如表 3-13 和图 3-20 所示。雄安新区规划范围内生态系统服务功能重要性等级为极重要区域的面积为 127 km²，占比 7.2%；重要区域面积为 335 km²，占比 18.9%；一般重要区域面积为 1 308 km²，占比 73.9%。白洋淀保护区范围内生态系统服务功能重要性等级为极重要区域的面积为 123 km²，占比 41.4%；重要区域面积为 112 km²，占比 37.7%；一般重要区域面积为 62 km²，占比 20.9%。

表 3-13　雄安新区生态系统服务功能重要性综合评价结果

评价等级	雄安新区		白洋淀保护区	
	面积/km²	占比/%	面积/km²	占比/%
极重要	127	7.2	123	41.4
重要	335	18.9	112	37.7
一般重要	1 308	73.9	62	20.9
合计	1 770	100	297	100

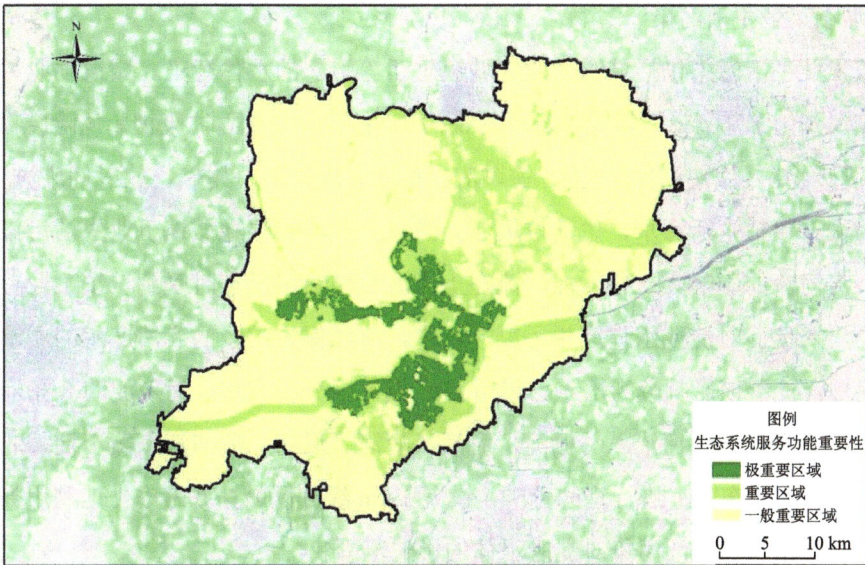

图 3-20　雄安新区生态系统服务功能重要性综合评价结果

3.3　生态脆弱（敏感）性评价

3.3.1　白洋淀区域生态脆弱（敏感）性评价

3.3.1.1　水污染脆弱（敏感）性评价

（1）评价方法

白洋淀湿地水污染脆弱（敏感）性指标有城镇工业生活污染、村落非点源污染、养殖业污染、农业开垦污染、旅游业污染。将这些指标的敏感性分为 3 个级别（表 3-14），即极敏感、敏感、一般敏感，统计白洋淀湿地不同级别水污染敏感性的数量及比例。

表 3-14　水污染脆弱（敏感）性指标分级

敏感性指标	极敏感	敏感	一般敏感
城镇工业生活污染	✓		
村落非点源污染		✓	
养殖业污染		✓	
农业开垦污染			✓
旅游业污染			✓

1）城镇工业生活污染

城镇工业生活污染包括城镇工业、城镇生活等引起的水体污染。城镇工业污染：包括工业废水（化学需氧量、氨氮、行业特征污染物等）、工业固体废物〔危险废物（按照《国家危险废物名录》）、冶炼废渣、粉煤灰、炉渣、煤矸石、尾矿、放射性废渣等〕。城镇生活污染：包括生活污水、生活垃圾、人粪尿。白洋淀湿地城镇工业生活污染主要来自几条入淀河流的影响。这些入淀河流在上游流经城镇居民点时受到城镇工业、城镇生活的污染，入淀后对淀区水体产生污染。其中，流经保定市区的府河产生的城镇工业生活污染对白洋淀湿地影响较为严重。采用 GIS 缓冲区分析方法，对入淀的 8 条河流（南支潴龙河、孝义河、唐河汇入马棚淀，府河、漕河、瀑河、萍河汇入藻苲淀，北支河流通过白沟引河入烧车淀）进行空间分析，设置 1 km 缓冲区域，并考虑土地利用类型的完整性，分析城镇工业生活污染对淀区水体的影响范围。

2）村落非点源污染

村落非点源污染包括生活污水、生活垃圾、人粪尿等引起的水体污染。白洋淀湿地分布了诸多村庄，由于污水处理设施、垃圾收运处理设施不完善，生活污水、生活垃圾、人粪尿非点源污染直接影响淀区水体。采用 GIS 缓冲区分析方法，对淀区村落非点源污染进行空间分析，参考相关研究（孙添伟等，2012），设置距离村庄 100 m、200 m 的缓冲区域，分析村落非点源污染对淀区水体的影响范围。

3）养殖业污染

养殖业污染包括鱼塘、网箱养殖等引起的水体污染。白洋淀湿地渔业养殖一直是当地居民的重要收入来源，包括开垦鱼塘、网箱养殖等方式的渔业养殖对淀区水体产生一定影响。基于高分卫星遥感数据，解译淀区鱼塘空间分布信息，分析养殖业污染对淀区水体的影响。

4）农业开垦污染

农业开垦污染包括耕地开垦、围淀造田等引起的水体污染。过去几十年，白洋淀湿地南部、西部、北部均存在大面积耕地开垦、围淀造田等农业开垦活动，不仅使淀区湿地面积大幅缩减，而且大量的农药和化肥通过各种渠道进入淀区，造成了淀区水体污染。基于1975—2018年旱地、水田变化空间特征，分析农业开垦污染对淀区水体的影响。

5）旅游业污染

旅游业污染包括旅游景区垃圾、旅游船舶污染等引起的水体污染。随着白洋淀景区旅游业逐渐发展，旅游业引起的污染也逐渐产生，如旅游船舶燃烧汽油对水体的污染，游客在水面丢弃垃圾等不文明行为。基于白洋淀风景名胜区景点分布、旅游船舶航线分布等信息，采用 GIS 缓冲区分析方法，对淀区旅游业污染进行空间分析，设置距离船舶航线 50 m、大于 50 m 的缓冲区域，分析旅游业对淀区污染影响范围。

（2）评价结果

城镇工业生活污染敏感性：西部藻苲淀、北部烧车淀、南部马棚淀受城镇工业生活污染敏感性较重，府河污染物入淀影响范围至白洋淀景区核心区域附近。城镇工业生活污染敏感性区域面积为 93.13 km²。

村落非点源污染敏感性：敏感性区域围绕淀区内村庄分布，距离村庄 100 m 的缓冲区域面积为 25.71 km²，距离村庄 200 m 的缓冲区域面积为 23.90 km²。

养殖业污染敏感性：白洋淀湿地鱼塘共计 307 个，总面积 36.25 km²。淀区中部大麦淀鱼塘分布密集，受污染敏感性较重；东部、南部、西部鱼塘分布较少。

农业开垦污染敏感性：1975—2020 年，旱地、水田增加区域主要分布于淀区南部的马棚淀、西部的藻苲淀、北部的烧车淀。其中，旱地增加了 36.18 km²，水田增加了 29.34 km²。这些农业开垦活动使大量的农药和化肥通过各种渠道进入淀区，造成了淀区水体污染。

旅游业污染敏感性：敏感性区域主要围绕白洋淀景区船舶航线分布，距离航线 50 m 的缓冲区域面积为 1.98 km²，大于 50 m 的缓冲区域（景区范围内的水体区域）面积为 2.33 km²。

白洋淀湿地水污染敏感性单项要素识别结果如图 3-21 所示。

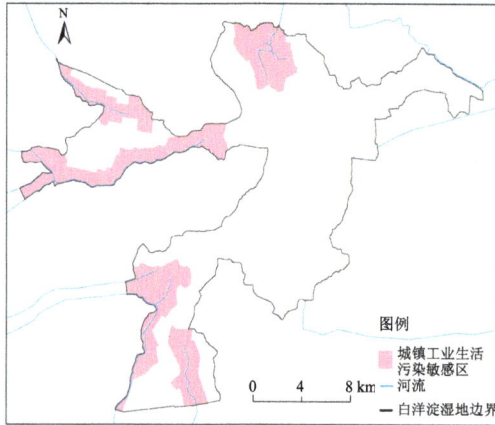

（a）城镇工业生活污染敏感性区域识别

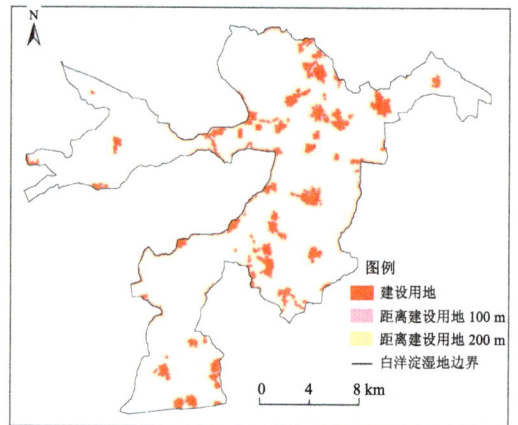

（b）村落非点源污染敏感性区域识别

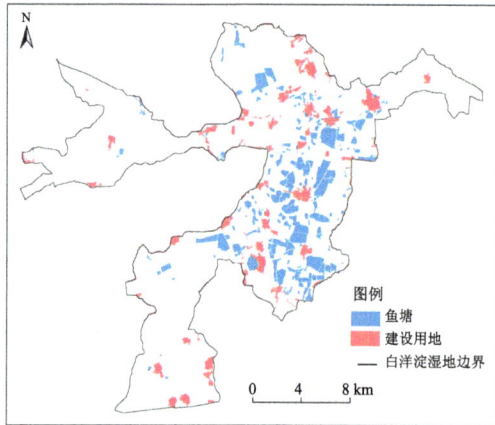

（c）养殖业污染敏感性区域识别

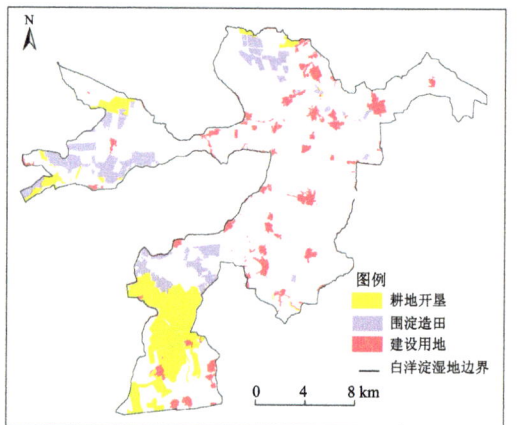

（d）农业开垦污染敏感性区域识别

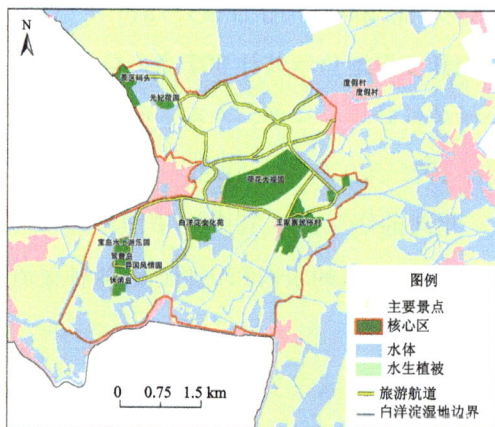

（e）旅游业污染敏感性区域识别

图 3-21　白洋淀湿地水污染敏感性单项评价结果区域识别

水污染脆弱（敏感）性综合评价结果如图 3-22 所示，白洋淀湿地水污染敏感性总体较为严重。其中，极敏感区域主要来自城镇工业和生活污染，分布于淀区南部马棚淀、西部藻苲淀、北部烧车淀区域；敏感区域主要来自村落非点源污染、养殖业污染，分布于淀区村庄等居民点周围、淀区中部区域；一般敏感区域主要来自农业开垦污染、旅游业污染，分布于淀区中东部区域。

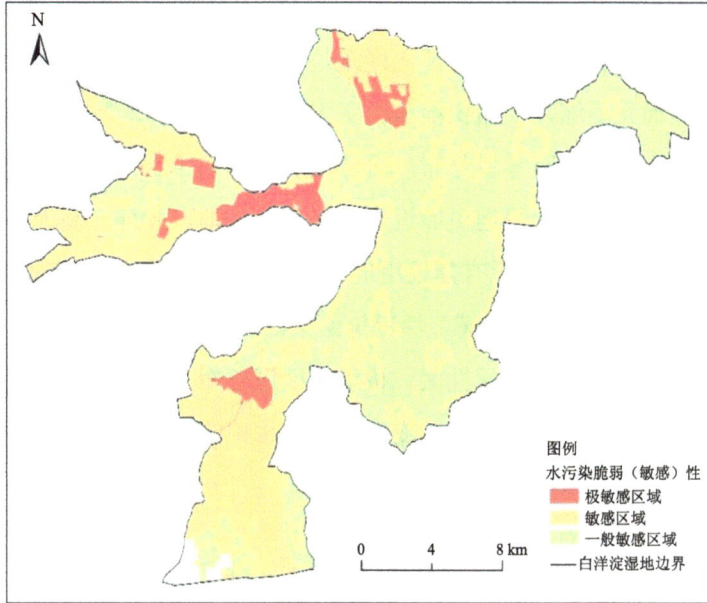

图 3-22　白洋淀湿地水污染脆弱（敏感）性综合评价结果

3.3.1.2　湿地变化脆弱（敏感）性评价

（1）评价方法

白洋淀湿地变化脆弱（敏感）性指标有变化类型、变化时间、变化强度，将这些指标的敏感性分为 3 个级别（表 3-15），即极敏感、敏感、一般敏感，统计白洋淀湿地不同级别湿地类型变化敏感性的数量及比例。

表 3-15　湿地变化脆弱（敏感）性指标分级

敏感性指标	极敏感	敏感	一般敏感
变化类型	湿地转为非湿地	水体、水生植被转为滩地，水体转为水生植被	无
变化时间/a	>20	0～20	0
变化强度/（减少面积 km²/a）	>20	0～20	0

（2）评价结果

基于 1975—2020 年白洋淀湿地演化特征，分析了白洋淀湿地变化类型、变化时间和变化强度，综合得到了湿地类型变化敏感性分布图。

白洋淀湿地转换为非湿地类型主要分布在研究区南部、西部、北部区域。1975—2020 年，气候干旱使白洋淀流域降水量和径流量大幅减少，入淀水量减少，致使白洋淀水位降低，水面面积呈萎缩和减小趋势。在南部马棚淀潴龙河、唐河、孝义河汇入区域，西部藻苲淀槽河、瀑河、府河、萍河汇入区域，以及北部烧车淀白沟引河汇入区域，随着水位降低、水面面积萎缩，大面积湿地转变为耕地，其中转变的旱地（36.18 km²）主要分布在南部区域，西部亦有零星分布，而转变的水田（29.34 km²）在南部、西部、北部均有分布，且水田分布均比旱地更靠近中部的淀区湿地。此外，湿地转变为建设用地（10.36 km²）的区域，一般环绕原有建设用地分布，主要在中部的淀区湿地内部。

白洋淀湿地类型变化脆弱（敏感）性评价结果如图 3-23 所示。从图 3-23 中可知：白洋淀湿地类型变化敏感性空间分异性大。极敏感区域分布于淀区南部马棚淀、西部藻苲淀、北部烧车淀区域，这些区域湿地转变为旱地、水田等类型；敏感区域主要分布于淀区中部；一般敏感区域湿地类型没有发生变化。

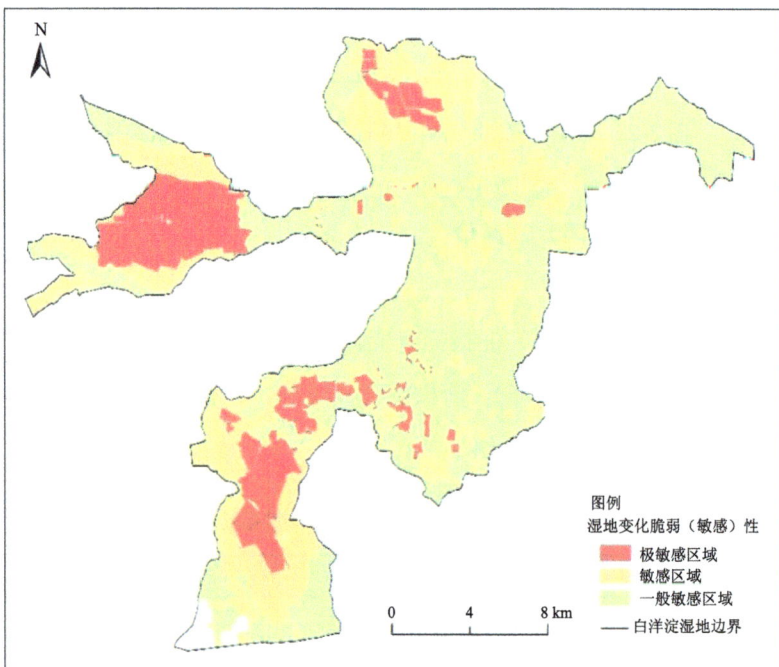

图 3-23　白洋淀湿地类型变化脆弱（敏感）性评价结果

3.3.1.3　重要自然与文化价值脆弱（敏感）性评价

（1）评价方法

重要自然与文化价值敏感性主要体现在经过国家或省、市、县级认可的保护区，如各类自然保护区、文化和自然遗产、风景名胜区、森林公园、地质公园、旅游区等。分析白洋淀流域各类自然与文化保护区级别，将重要自然与文化价值敏感性的评价等级分为 3 个级别（表 3-16），即极敏感、敏感、一般敏感，统计白洋淀湿地不同级别重要自然与文化价值敏感性的数量及比例。

表 3-16　重要自然与文化价值脆弱（敏感）性指标分级

敏感性指标	极敏感	敏感	一般敏感
自然保护区	省级、国家级	市级、县级	无
文化和自然遗产	省级、国家级、世界级	市级、县级	无
地质公园	省级、国家级、世界级	市级、县级	无
风景名胜区	省级、国家级	市级、县级	无
森林公园	省级、国家级	市级、县级	无
重点旅游区	5A 级	A～4A 级	无

（2）评价依据

《河北省主体功能区规划》中相关白洋淀地区的重要自然与文化信息（表 3-17），是开展重要自然与文化价值敏感性评价的重要依据。

表 3-17　《河北省主体功能区规划》中相关白洋淀地区的重要自然与文化信息

类型	名称	位置	面积/km^2	级别
自然保护区	保定白洋淀省级自然保护区	保定市安新县、沧州任丘市	296.96	省级
风景名胜区	白洋淀风景名胜区	保定市安新县、容城县、雄县、高阳县、沧州任丘市	366	省级
文化和自然遗产	晾马台遗址	保定市容城县		省级
	上坡遗址	保定市容城县		省级
	留村遗址	保定市安新县		省级
	梁庄遗址	保定市安新县		省级
	陈调元庄园	保定市安新县		省级
国家重要湿地	白洋淀湿地	保定市安新县、雄县、容城县、高阳县、沧州任丘市		国家级
水产种质资源保护区	白洋淀国家级水产种质资源保护区	安新县白洋淀	81.44	国家级

（3）评价结果

白洋淀湿地自然保护区、风景名胜区、文化和自然遗产等空间分布如图 3-24 所示。

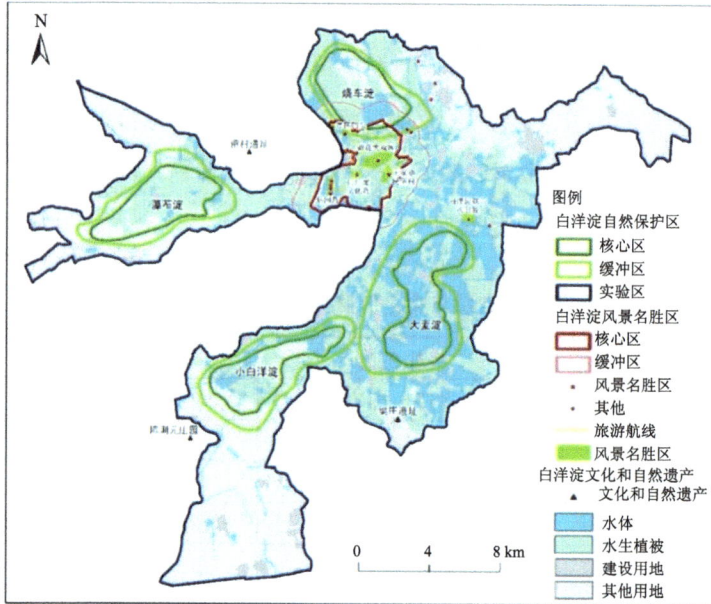

图 3-24　白洋淀湿地自然保护区、风景名胜区、文化和自然遗产等空间分布

1）白洋淀自然保护区

2002 年，河北省政府批准《白洋淀湿地自然保护区规划》，白洋淀成为省级自然保护区。2004 年，安新县设立白洋淀湿地保护区管理处，作为县政府全额事业单位，负责湿地保护区保护、科研、宣教等工作。保护区共分为 4 个核心区，即烧车淀核心区、大麦淀核心区、藻苲淀核心区、小白洋淀核心区，核心区总面积 97.40 km²，占保护区总面积的 31.2%；核心区的外围是缓冲区，总面积 62.40 km²；缓冲区的外围是实验区，总面积 152.20 km²。2012 年，根据《白洋淀省级自然保护区总体规划》（修编版），对白洋淀湿地保护区功能区进行调整，调整后白洋淀省级自然保护区总面积为 296.96 km²，其中核心区面积 94.40 km²，缓冲区面积 53.68 km²，实验区面积 148.88 km²。2017 年，白洋淀与洱海、丹江口一并纳入环境保护部"新三湖"水污染治理体系。

2）白洋淀风景名胜区

白洋淀风景名胜区是国家 5A 级旅游景区，位于河北省中部，是河北第一大内陆湖，总面积 366 km²，南距石家庄 189 km，北距北京 162 km，东距天津 155 km，是京津冀腹地。2007 年 5 月 8 日，经过国家旅游局全国旅游景区质量等级评定委员会审定，安新白洋淀景区被评为国家 5A 级旅游景区。

白洋淀汇集了上游自太行山麓发源的 9 条河流的水，形成一片由 3 700 多条沟渠、河道连接的 146 个大小湖泊群，湖群中岛屿和湖畔分布有 36 个村庄，8 000 hm² 芦苇。湖中沟渠可以行船，秋季芦苇收获后，淀水一片汪洋。夏季芦苇密集，水道形成苇墙中的迷宫，其景色非常独特、宜人，因此成为著名的旅游胜地。河淀相连、沟壑纵横，苇田星罗棋布，成为中国特有的一处自然水景区风光。

白洋淀风景名胜区主要景点包括元妃荷园、荷花大观园、鸳鸯岛、休闲岛、异国风情园、白洋淀文化苑、王家寨民俗村等。2000 年，安新白洋淀景区建设了中国北方最大的内陆旅游码头——白洋淀旅游码头，全长 317 m，占地 91 亩，建有 60 个船位，可同时停靠 600 艘船只。同时设立了游客服务中心，包括售票大厅，游客休息厅，影视厅，特殊人群服务处，导游服务咨询处、多媒体大屏幕等，还免费提供旅游咨询、宣传册、导游图，白洋淀导游指南，手机充电、饮水等多项服务。

3）白洋淀文化和自然遗产

主要包括安新县梁庄遗址。梁庄遗址是新石器时代遗址，位于安新县城东南 14 km 的梁庄村南百余米处。地势低洼，平时有水，水位低时辟为耕地，多年生长芦苇。

白洋淀湿地重要自然与文化价值脆弱（敏感）性评价结果如图 3-25 所示。

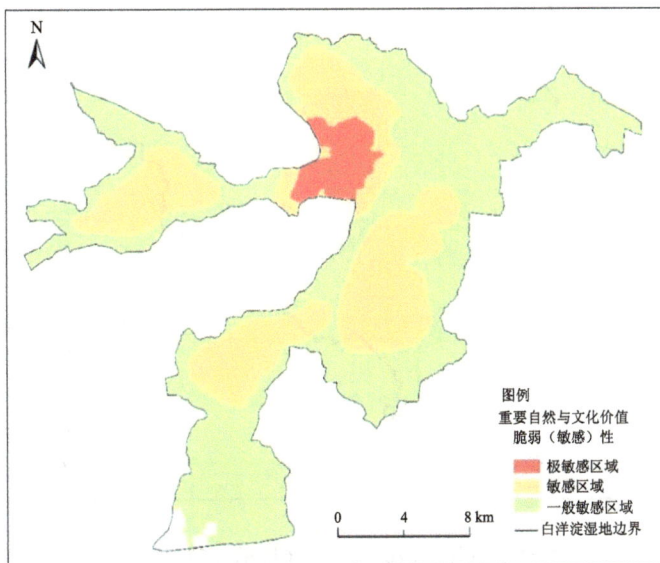

图 3-25　白洋淀湿地重要自然与文化价值脆弱（敏感）性评价结果

3.3.2 白洋淀以外的陆地区域生态脆弱（敏感）性评价

3.3.2.1 水污染脆弱（敏感）性评价

白洋淀以外的陆地区域水污染脆弱（敏感）性是指范围内河流水体受到来自工业废水、生活污水等引起污染的敏感程度。根据白洋淀以外的陆地区域内城镇和工矿、农村居民点、耕地等土地利用/覆被类型对河流水体污染影响的程度，进行水污染敏感性评价。城镇和工矿产生的工业废水等对河流水体污染影响最大，农村居民点产生的生活污水对河流水体污染影响次之，耕地开垦等对河流水体污染也产生一定影响。评价白洋淀以外的陆地区域水污染脆弱（敏感）性，将敏感性的评价分为 3 个级别，即极敏感、敏感、一般敏感。

白洋淀以外陆地区域水污染脆弱（敏感）性评价结果如图 3-26 所示，从图 3-26 中可知：敏感区域主要来自城镇工业污染和生活污染，分布于唐河、萍河、白沟引河、大清河、赵王新河等河流区域，其他区域为一般敏感区域，无极敏感区域分布。

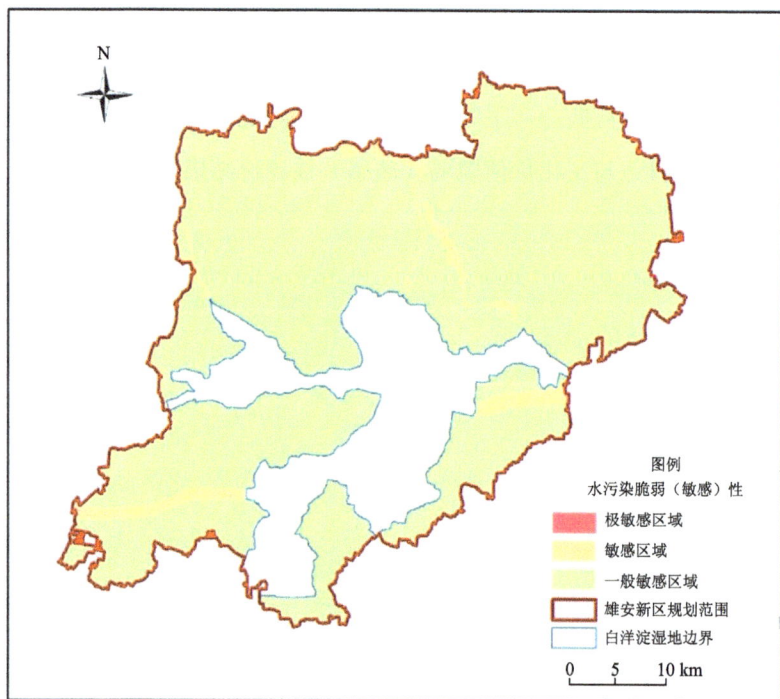

图 3-26 白洋淀以外陆地区域水污染脆弱（敏感）性评价结果

3.3.2.2　重要自然与文化价值脆弱（敏感）性评价

白洋淀以外的陆地区域重要自然与文化价值脆弱（敏感）性主要体现在有特殊价值的文化和文化遗址方面，区域包括晾马台遗址、上坡遗址、留村遗址、陈调元庄园等。分析白洋淀以外的陆地区域各类文化遗址级别，将重要自然与文化价值敏感性的评价分为 3 个级别，即极敏感、敏感、一般敏感。

白洋淀以外的陆地区域重要自然与文化价值敏感性评价结果如图 3-27 所示，从图 3-27 中可知：敏感区域主要包括容城县晾马台遗址、容城县上坡遗址、安新县留村遗址、安新县陈调元庄园。其他区域为一般敏感区域，无极敏感区域分布。

图 3-27　白洋淀以外陆地区域重要自然与文化价值敏感性评价结果

3.3.3　雄安新区生态脆弱（敏感）性评价结果

3.3.3.1　生态脆弱（敏感）性单项指标评价结果

（1）水污染脆弱（敏感）性

雄安新区水污染敏感性总体较为严重。其中，极敏感区域主要来自城镇工业污染和生活污染，分布于南部马棚淀、西部藻苲淀、北部烧车淀；敏感区域主要来自村落非点源污染、农业开垦污染、养殖业污染等（图 3-28）。

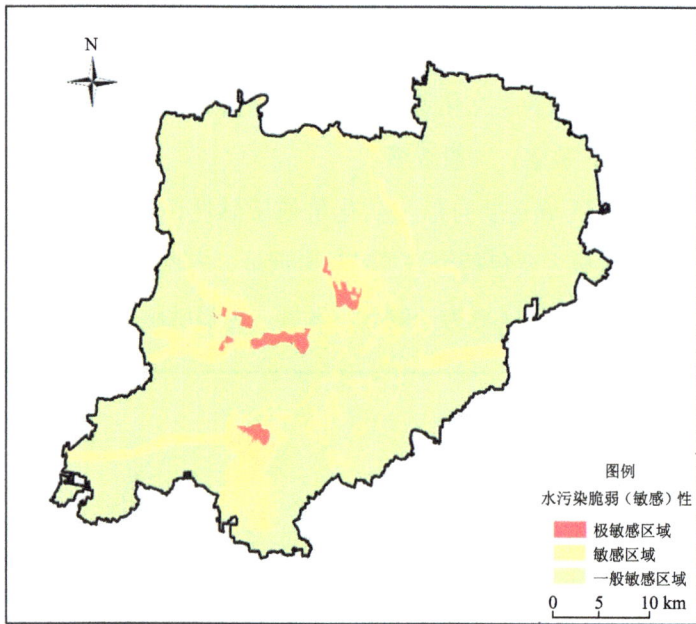

图 3-28　雄安新区水污染脆弱（敏感）性评价结果

（2）湿地变化脆弱（敏感）性

雄安新区白洋淀湿地变化敏感性空间分异性大，如图 3-29 所示，极敏感区域为淀区南部马棚淀、西部藻苲淀、北部烧车淀，这些区域湿地转变为旱地、水田等非湿地类型，变化时间大于 20 年的不同类型湿地之间相互转变；敏感区域主要分布于淀区中部；一般敏感区域湿地类型没有发生变化。

（3）重要自然与文化价值脆弱（敏感）性

雄安新区白洋淀湿地省级自然保护区总面积为 296.96 km^2，其中核心区面积 94.40 km^2，缓冲区面积 53.68 km^2，实验区面积 148.88 km^2。文化和自然遗产包括容城县晾马台遗址、上坡遗址，以及安新县留村遗址、梁庄遗址、陈调元庄园。白洋淀风景名胜区总面积 366 km^2，是国家 5A 级旅游景区（图 3-30）。

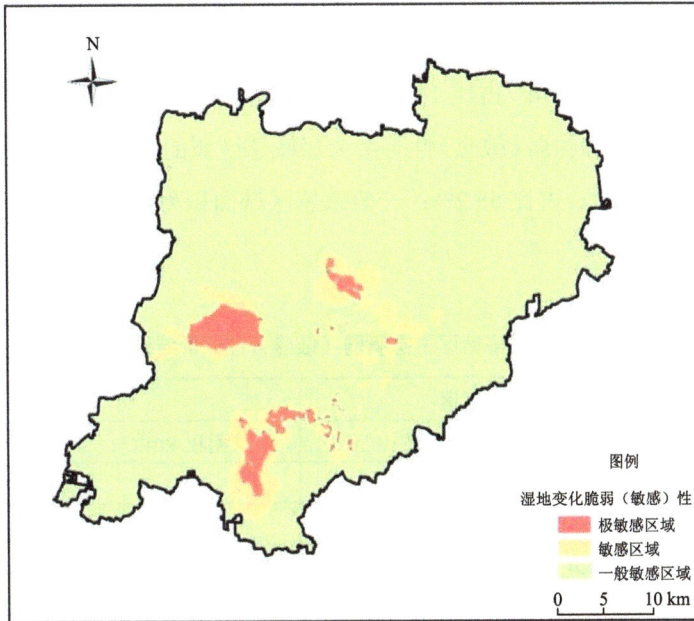

图 3-29　雄安新区湿地变化脆弱（敏感）性评价结果

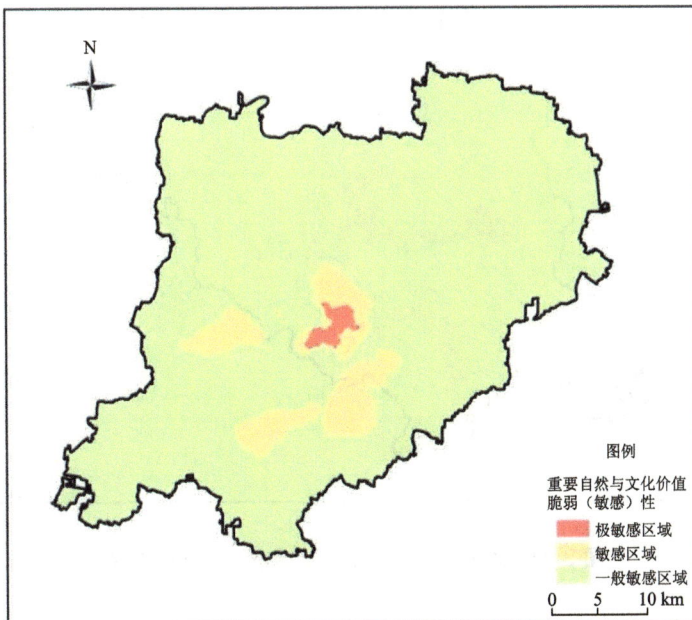

图 3-30　雄安新区重要自然与文化价值脆弱（敏感）性评价结果

3.3.3.2 生态脆弱（敏感）性综合评价结果

雄安新区规划范围内生态脆弱（敏感）性等级为极敏感区域的面积为 81 km^2，占比 4.6%；敏感区域面积为 252 km^2，占比 14.2%；一般敏感区域面积为 1 437 km^2，占比 81.2%。白洋淀保护区范围内生态脆弱（敏感）性等级为极敏感区域的面积为 80 km^2，占比 26.9%；敏感区域面积为 164 km^2，占比 55.2%；一般敏感区域面积为 53 km^2，占比 17.8%。具体见表 3-18 和图 3-31。

表 3-18　雄安新区生态脆弱（敏感）性评价结果统计

评价等级	雄安新区		白洋淀保护区	
	面积/km^2	占比/%	面积/km^2	占比/%
极敏感	81	4.6	80	26.9
敏感	252	14.2	164	55.2
一般敏感	1 437	81.2	53	17.8
合计	1 770	100	297	100

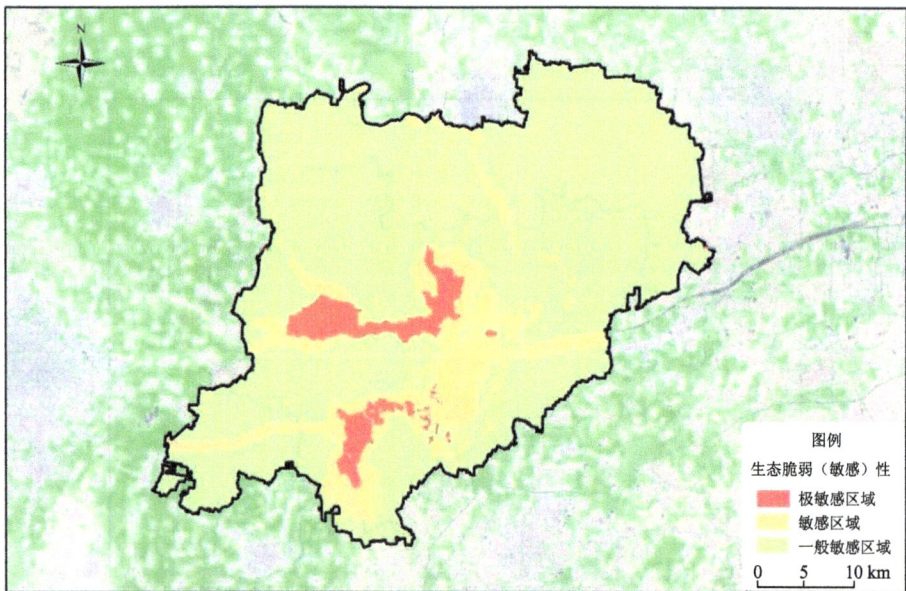

图 3-31　雄安新区生态脆弱（敏感）性评价结果

3.4 生态保护重要性评价集成结果

雄安新区生态保护重要性评价集成结果如图 3-32 所示。统计结果显示，雄安新区规划范围内生态保护极重要区域面积为 158 km²，占比 8.9%；生态保护重要区域面积为 372 km²，占比 21.0%；生态保护一般重要区域面积为 1 240 km²，占比 70.1%。其中，白洋淀保护区内生态保护极重要区域面积为 154 km²，占比 51.9%；生态保护重要区域面积为 127 km²，占比 42.8%；生态保护一般重要区域面积为 16 km²，占比 5.4%（表 3-19）。

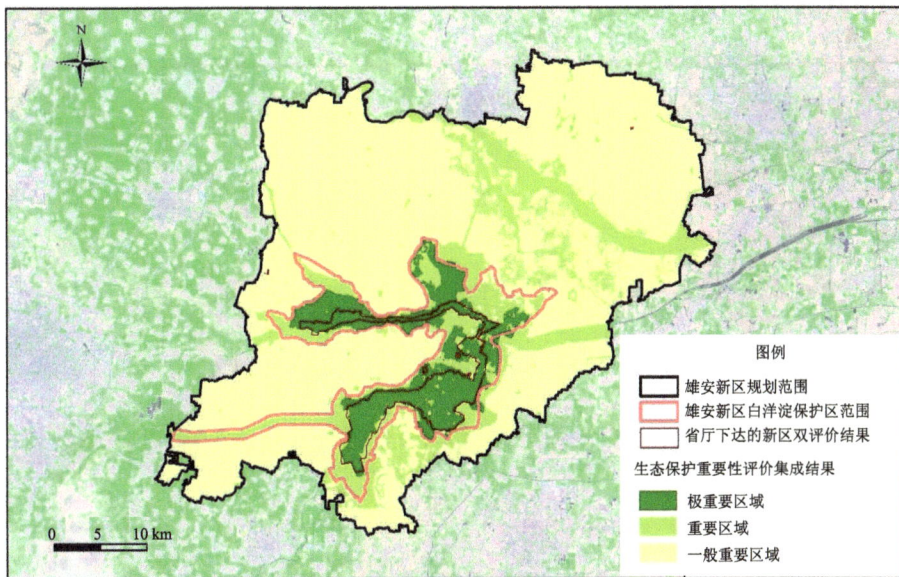

图 3-32 雄安新区生态保护重要性评价集成结果

表 3-19 雄安新区生态保护重要性评价集成结果统计

评价等级	雄安新区		白洋淀保护区	
	面积/km²	占比/%	面积/km²	占比/%
极重要	158	8.9	154	51.9
重要	372	21.0	127	42.8
一般重要	1 240	70.1	16	5.4
合计	1 770	100	297	100

　　雄安新区生态保护极重要区域分布特征主要表现为：集中分布在白洋淀区域内，白洋淀保护区内生态保护极重要区域面积为 154 km^2，占比 51.9%。白洋淀湿地集中承载了雄安新区生态系统服务功能，同时生态环境脆弱性程度高，湿地生态系统亟须保护和治理。

4

新区生态保护目标研究

城市开发建设需要合理的规划和科学的管理，以确保生态环境的可持续性。在城市开发建设过程中，生态保护理念至关重要。本章重点结合国内外新城新区开发过程中的生态保护经验和启示，合理确定雄安新区近期（2025 年）、中期（2035 年）、远期（2050 年）生态保护目标。

4.1 新城新区开发生态保护的国际经验

国外新城和新区的建设主要集中在 20 世纪，随着经济的发展和人口的增加，包括生态环境问题在内的城市问题日益突出，新城和大都市副中心的建设由此兴起，其主要目的是解决大城市产业和人口过度集中的问题，也使各种城市建设和生态环境保护的理念在此过程中得到贯彻和体现（刘佳骏，2018）。通过梳理美国、英国、德国、日本、韩国等新城新区建设，可以发现在国外新城新区的开发建设过程中，充分体现对生态和自然环境的尊重，坚持政策指引，注重规划编制和绿色设计，确保绿色可持续发展的理念贯彻到新城新区建设的各个方面。

4.1.1 严格规划管控，划定永久性保护的绿色空间

韩国 1971 年开始实施绿带建设，严格限制城市周边开发，虽然 1999 年绿带改革政策对包括首尔在内的 14 个城市的绿带边界进行了调整，允许部分绿带土地进行开发，但对于保留在绿带区域内的土地开发活动仍将严格控制，致使贯穿首尔近百公里的绿带得

以长期完好保留（许海峰，2016；Ja-Choon et al.，2013；文萍等，2015）。在韩国首尔地区的首都圈整备计划中，将首都地区分为过密抑制区、成长管理区和自然保护区，结合绿带计划等具体的实施项目，对首都圈的生态环境施行有针对性的保护和开发计划，在保护区内，严格禁止经济开发活动（图4-1）。

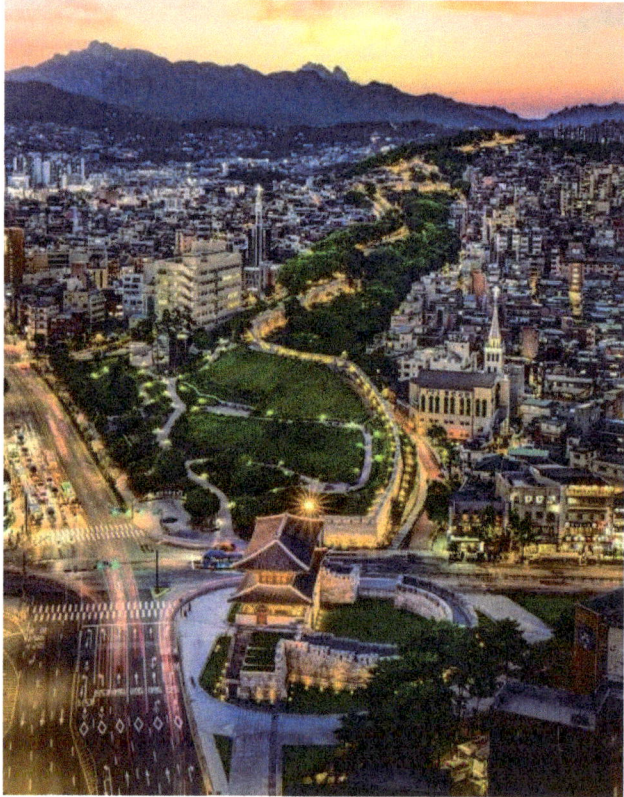

图 4-1　韩国首尔绿带景观（资料图）

美国加利福尼亚州尔湾新城是美国现代新城的典范，影响力很大。尔湾新城的开发根据环保主义和园林开发的理念，为各地块和地区赋予了不同的尺度特征及露天场地的保护（陈挚，2017；Piggot，2013）。从 1897 年尔湾公司捐出第一片土地至今，尔湾公司和各级政府部门、社区以及生态保护专业人员一起，组成了开放空间合作网，铺设步道、修建公园，使整个尔湾农场将近 10 万英亩（9.3 万英亩，约 376 km²）的土地中有超过一半共计 5.5 万英亩（约 223 km²）被规划为自然栖息保护地，永久保留，供子孙后代观赏。部分永久自然保护地分布见图 4-2。

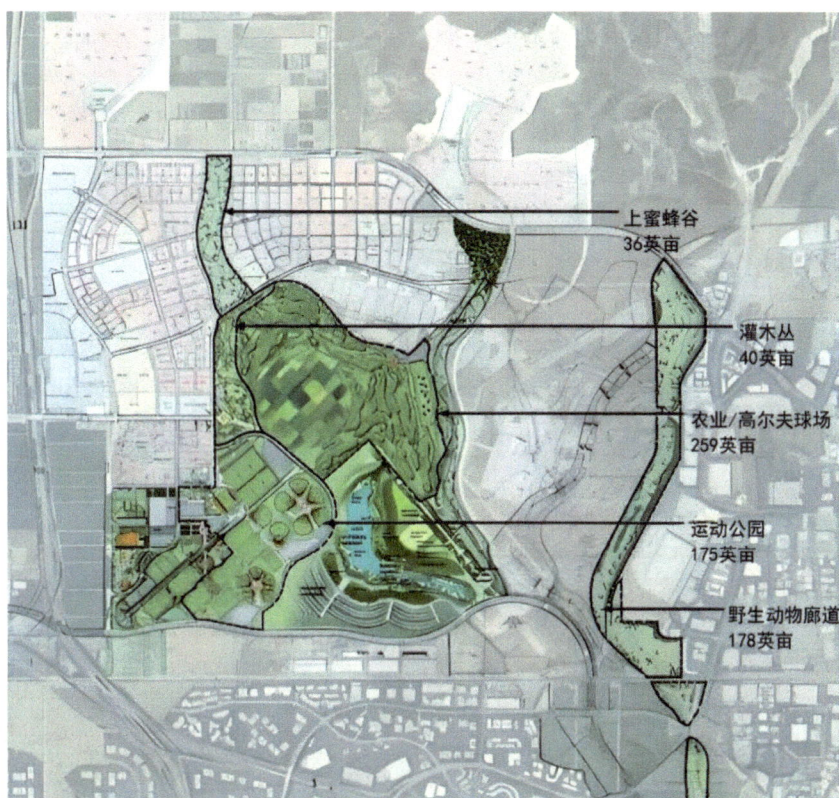

图 4-2 美国尔湾的永久自然保护地（资料图）

4.1.2 立足生态资源，实施大面积保护，提高生态品质

日本筑波科学城以建立人与自然协调发展的生态型城市为目标（刘建军等，2004），占地 28 559 hm² （约为东京市面积的 64.9%），投资 13 000 亿日元，于 1968 年开始兴建。筑波市位于日本以"秀峰"著称的筑波山南麓，距东京约 50 km，北倚筑波山，东临霞浦湖（日本第二大湖），是一个天然的风景胜地（图 4-3）。筑波的建设，充分利用了筑波山和霞浦湖的自然优势，以建立人与自然协调发展的生态型城市为目标，山地、森林、平地、人工林、农田，以及公园绿地等占其面积的 65% 以上，全市最大的洞峰公园面积 20 hm²，此外，依自然山水优势，市内共建有松见公园、赤冢公园、中央公园等 94 个公园，占地 100 hm²，其中赤冢公园和二宫公园等完全保留了自然景观和当地的名胜古迹。在城市生态空间结构上，筑波市由山地自然保护区、天然河岸林和湿地植被保护区、平地人工林和自然原野、公园片林、敷地林、道路河流沿线等形成多带式复层结构的绿色

廊道，成为人与自然协调发展的生态科学城。

图 4-3   日本筑波科学城（资料图）

韩国在首尔城市副中心——世宗市的建设过程中，以"江"和"山"的开发为中心，绿地系统形成一条南北轴线和一条沿着汉江的东西轴线（杨俊涛等，2021；崔海玉，2013）。在汉江建设大规模的城市绿地、广场公园，充分发挥汉江的生态功能；开展清溪川恢复工程，拆除道路和桥梁，恢复河道；实施汝矣岛建设项目，注重维护山丘地区的城市景观，充分体现了人与自然相融合。韩国世宗市的设计方案是通过国际性征集活动来选定的。城市中央保留绿色空间，保持其自然本貌。在周边建设的住宅区外层再度被绿色包围，要形成一个双重的绿色带。地区的公园绿地率要达到全国最高水平的 52.4%。城市中间拥有国内规模最大（134 万 m^2）的中央公园、湖水公园、城市型的国立水木园（65 万 m^2）3 个公园。韩国世宗市规划（资料图）见图 4-4。

图 4-4　韩国世宗市规划（资料图）

4.1.3　构建生态安全格局，注重景观设计，打造城市品质

澳大利亚堪培拉生态建设的主体是最吸引人的格里芬湖及湖周风景区（陈辰，2020），湖周建立了约 40.0 hm² 的公园绿地，选种了国内外 5.5 万种以上的树木和各种名花异草，使长达 35 km 的湖周展示着各种色彩和形态，格里芬人工湖和湖周风景区成为堪培拉市的"绿色心脏"，为堪培拉市增添了无穷的生机和魅力（图 4-5）。

图 4-5　澳大利亚格里芬湖全景（资料图）

英国米尔顿·凯恩斯镇注重景观设计，使新城成为具有吸引力和标志性的城市（张城国，2017），其新城公园用地占20%，设计呈线性串联成片，10多个人工湖点缀其间，风景秀美，环绕城镇设置茂密的森林。城市俯瞰图见图4-6。

图4-6　英国米尔顿·凯恩斯镇俯瞰图（资料图）

德国明斯特全市区域约70%的土地利用保留为农田、森林、水域和各类自然保护用地，形成以"三环七射"为主要框架的城乡绿色空间网络体系（唐燕等，2007）。"三环"中的第一环即历史老城区环城绿带（长4.5 km，为城市型休闲绿地和林荫自行车专用道和步行道）；第二环即环中心城区绿带，为大型休闲开放空间，共有12个主要的景观节点（休闲疗养区、城郊公园等）分布其中；第三环则为郊野型乡村景观带，位于城市边缘，由林地、农田、草场、牧场构成。"七射"则为依托农田、水系和近郊山谷形成的7条大型绿廊楔入中心城区，完善区域生态安全格局，向城内输入新鲜空气。此外，明斯特在中心城区内部也将绿道的建设与城市布局、历史文化保护紧密结合，通过点状绿色空间（植物园、广场、城市公园、人工湖、街头绿地、活动场）与线性绿道（林荫道、行道树）形成渗透全城的绿色服务网络，赋予居民高品质的宜居环境。从大尺度看，城市板块由绿色间隔，镶嵌在绿色基质中，而在中小尺度上绿色也融于板块内部。在这一绿色空间体系覆盖下，约 95% 的居民处于 300 m 半径的绿色空间可达范围内，人均公共绿地指标为 30 m^2。绿色空间系统见图 4-7。

图 4-7　明斯特城市绿色空间系统（资料图）

4.2　国内新城新区开发的生态保护启示

深圳经济特区和浦东新区是我国改革开放以来确立的最具代表性的新城新区，其共同特点是都在党中央、国务院战略决策下，在基础相对薄弱的区域开发建设的，回顾两者的发展历程，有许多经验与教训，值得在雄安新区的生态环境开发建设中学习和借鉴。

4.2.1　深圳特区：组团式发展，强化城市生态空间管控

深圳的城市建设从开始就基本遵循城市规划的理念（董战峰等，2020），早在 1986 年编制的特区总体规划，在综合分析了城市自然地理特征的基础上，就前瞻性地确立了组团式的空间结构，并在此之后得到沿用和发展。2005 年，深圳在国内第一次提出了基本生态控制线的概念（陈佳佳，2018），并用立法的手段明确了深圳城市建设的生态底线，

控制保护范围近深圳市域总面积的 50%（图 4-8），对保证城市生态安全、防止城市建设的无序蔓延具有重要作用，也为城市的持续发展提供了良好的生态基础。

图 4-8   深圳市生态用地景观（资料图）

新的城市规划将城市土地面积的 76% 作为城市生态用地，提出了构建完整的城市生态系统，保证足够的城市生态空间。对已经被破坏的生态环境进行恢复工作。建设自然生态保护区域，如湿地公园、郊野公园、城市公园等。保留自然河流湖泊，保护当地乡土特色植物动物、保护生物多样性。不断增加自然保护区的面积，扩大城市绿化空间，提高城市绿化面积与绿地率、增加人均公共绿地面积。根据深圳实际发展情况来实施海洋管理政策，充分合理地利用海洋资源。

深圳经过几十年的发展，重心虽经几次转变，由最初受到香港区位的影响，进而近年逐步朝着西部沿海地区、内陆地区发展，其生态空间得以相对完整地保留，建成花园城市的基本格局，是和组团式的空间生态结构的设计和有效的控制紧密相关的。

4.2.2   浦东新区：绿色空间布局与建设，任重道远

浦东新区的规划和建设起步相对较高，党中央、国务院在浦东新区设立之初就对生态环境的保护给予了高度的重视。在浦东新区的规划中，十分注重生态环境的规划，绿色空间的布局成为规划的重要内容之一（赵莹等，2012）。规划强调：合理布局林带、绿地、公园和其他公共游憩设施，在规划四周的滨海沿河地带建设林带和公共绿地，

在 5 个综合区之间配置以文化休闲公园、高尔夫球场和隔离绿带为特色的 6 块大型绿色空间。此外，还保留相当数量的城郊农业、创汇农业、精养鱼塘等农业用地。浦东新区内规划的绿地面积达 23 km²，形成花木繁多、环境幽静、空气清新、人与自然水乳交融的生态城市。

相较深圳特区设立之初相对较低的建设密度和得天独厚的自然条件，浦东新区空间布局不合理，人口密度分布不均，土地利用率低，尤其是居民住宅占地面积多但过于分散，并与大小工厂犬牙交错等问题，在一定程度上限制了浦东新区的绿色空间规划和合理布局。更为突出的是，作为浦东新区天然生态廊道的黄浦江，污染严重的 2 000 多家企业集中在黄浦江东岸作带状分布，使浦东新区的发展空间受到严重制约。

近年来，浦东新区以打造国际一流的生态新区为目标，积极创建最适人居和创业的生态城区，大幅提升浦东生态环境，进一步推动浦东新区绿色发展。2016 年 10 月浦东新区大治河生态廊道获批，总面积达 26.3 km²，超过黄浦区整个区面积。大治河生态廊道是浦东新区优化生态空间、维护生态安全、提升生态环境的重要生态建设示范区域，是城市居民休闲、游憩、度假、亲近自然的生态场所，是生态功能与环境友好型城市功能和谐共存的生态复合区域，效果图见图 4-9。根据规划，大治河生态廊道将划分为观赏林

图 4-9   大治河生态廊道效果图（资料图）

野、桃林野趣、水乡田园和城市组团 4 个主题区域；①观赏林野组团将以保持自然性和野趣性的半自然环境为主的农林地区，林地比例大于 75%，水域比例大于 20%；②桃林野趣组团将以建设培育大团镇蜜桃园为特色，林地比例大于 75%，水域比例大于 20%；③水乡田园组团将以农业生产用地为主，林地比例小于 15%，农田比例大于 60%，水域比例大于 20%；④城市功能组团将以酒店、文化娱乐、体育休闲、会展服务、研发设计、康体养老等功能为主。

4.3 新区中长期生态保护目标

《河北雄安新区规划纲要》提出：到 2035 年，基本建成绿色低碳、信息智能、宜居宜业、具有较强竞争力和影响力、人与自然和谐共生的高水平社会主义现代化城市。到 21 世纪中叶，全面建成高质量、高水平的社会主义现代化城市，成为京津冀世界级城市群的重要一极。

结合《河北雄安新区总体规划（2018—2035 年）》《美丽中国建设评估指标体系及实施方案》等相关文件，以保障和改善白洋淀湿地生态品质和功能为核心，制定新区中长期生态保护目标如下：

4.3.1 近期目标

到 2025 年，恢复白洋淀"华北之肾"的功能，淀区面积不低于 360 km^2，新区森林覆盖率达到 25%，起步区城市绿化覆盖率不低于 50%，起步区人均城市公园面积不低于 15 m^2。

4.3.2 中期目标

到 2035 年，白洋淀生态状况根本改善，淀区面积稳定在 360 km^2 左右，新区蓝绿空间占比不低于 70%，新区森林覆盖率达到 40%，起步区城市绿化覆盖率不低于 50%，起步区人均城市公园面积不低于 20 m^2。

4.3.3 远期目标

到 21 世纪中叶，白洋淀生态修复全面完成，建设白洋淀国家公园，展现"荷塘苇海、鸟类天堂"胜景和"华北明珠"风采，新区蓝绿空间占比达到 80%，新区森林覆盖率达到 50%，起步区城市绿化覆盖率不低于 60%，起步区人均城市公园面积不低于 25 m^2。

5

生态空间管控手段与经验借鉴

生态安全是经济社会持续健康发展的重要保障，是人类生存发展的基本条件。生态空间是指具有自然属性、以提供生态服务或生态产品为主体功能的国土空间，对重要生态空间进行管控是维护生态安全的重要手段。本章重点总结国际上重要生态空间管理的经验做法，梳理我国目前在重要生态空间管控方面的方法手段。

5.1 重要生态空间国际管理经验

5.1.1 建立保护地

世界上现有的保护地超过 10 万个，建立的原因多种多样，如物种、栖息地、景区和风景的保护、流域保护、旅游开发、研究、教育、土著居民的家园、重要的非物质性文化保护等。这些保护地大小不一，层次名称也不同，且数量不断增加。为了规范管理，便于各国进行信息交流，1978 年，世界自然保护联盟（IUCN）下属专家组织世界保护地委员会（WCPA）出版了第一版保护地国际类别体系。该系统提出了科研保护区/严格的自然保护区、受管理的自然保护区/野生生物禁猎区、生物圈保护区、国家公园与省立公园、自然纪念地/自然景物地、保护性景观、世界自然历史遗产保护地、自然资源保护区、人类学保护区，以及多种经营管理区/资源经营管理区 10 个类别，以确保保护地不因术语是否一致而受影响，而是以实际管理的目标来鉴别、分类。

该系统自公布以后，经过较长一段时间的评估，特别是在 1992 年第四届世界保护地大会上被代表们一致认可，并建议 IUCN 根据管理目标采纳一套修正系统，内含 6 类保护地。1994 年 IUCN 批准了该系统，并出版了《保护地管理类别指南》，建议各国政府按照指南加以实施，指南中对保护地的定义是："通过法律及其他有效手段进行管理，特别用以保护和维护生物多样性和自然及相关文化资源的陆地或海洋。"同时，根据保护地主要管理目标，将保护地分为以下 6 个类别：

Ⅰa 严格的自然保护区：主要用于科学研究的保护地——拥有某些特殊的或具有代表性的生物系统、地理特征、自然面貌或/独特物种的陆地或海洋，可用于科学研究及/或环境监测。

Ⅰb 原野保护地：主要用于保护自然荒野的保护地——大面积未经改造或略经改造的陆地或海洋，仍保持其自然特色及影响，尚未有过永久或明显的人类居住史，通过保护和管理，保持其天然状况。

Ⅱ国家公园：主要用于生态系统保护及娱乐活动的保护地——天然的陆地或海洋，用于：①为现代人和后代提供一个或更多完整的生态系统；②排除任何形式的有损于保护地管理目的的开发或占用；③提高精神、科学、教育、娱乐及参观的基地，所有上述活动必须实现环境和文化上的协调。

Ⅲ自然纪念物：主要用于保护独特的自然特性的保护地——具有一个或多个自然或自然文化方面独特特征的区域，由于其固有的稀有特性、代表性、美学品质或文化意义而具有突出的或独一无二的价值。

Ⅳ栖息地/物种管理地：主要用于通过积极干预进行保护的保护地——为了维护栖息地和满足特殊物种生存及发展需要而建立的，以积极干预手段进行管理的一片陆地或海洋。

Ⅴ陆地/海洋景观保护地：主要用于陆地/海洋景观保护及娱乐的保护地——人和自然在长期的和谐发展中形成的具有显著特色的陆地或包括海岸和海洋的陆地，它们具有独特的审美、生态和文化价值，并通常拥有很丰富的生物多样性。保障这种传统的相互关系的完整性对这个区域的保护、维持和进化具有重要价值。

Ⅵ资源保护地：主要以自然生态系统的可持续利用的保护地——以未经改造的自然系统为主，通过管理确保长期的生物多样性保护和维持，同时满足社区的需要，提供可持续的天然产品和生态服务的地方。

按照 IUCN 对保护地管理类别的分类系统，有利于明确区分不同性质保护区的建设目标、规划目标和管理目标；有利于建立一套对不同类别保护地的符合性、规范性、有效性评估标准；有利于与国际保护体制接轨，取得共同语言，有利于数据收集和信息沟通，从而有利于科学研究和环境监测，增大透明度；以及理顺国家相关部门对不同类别保护区的隶属关系，避免多头管理、各取所需。

其优点突出表现在：①不同国家用不同的名字称呼具有相似目标的保护地，则分类体系有利于减少专业术语带来的混淆，人们可以使用分类体系中的共同语言进行交流；②不但证明了不同类型保护地管理目标可能有相同之处，而且显示出人类从严格意义的保护区到可以合理开发使用的狩猎区介入程度有所不同；③强调不同类别的保护地具有同等重要性，谁也不能驾临于其他之上，因此不应该认为这类比另一类更优越，应该针对特定背景和目的选择合适的管理体制类别；④坚持对国家的保护地体系进行规划、评估，并使用完整的管理分类将保护地和大范围背景下的陆地和海洋景观结合在一起；⑤强调沟通和理解，促进国际交流报告和对比。

5.1.2 开展生态分区

通过划定生态功能区，并以此来制定产业发展方向，引导区域社会、经济、生态的协调发展是国际上通用的做法（蔡佳亮等，2010），在美国（Bailey，1976）、加拿大（Marshall & Schut，1999）、荷兰（Albert，1995）和新西兰（Harding & Winterbourn，1997）等国得到很好的应用。

1976 年，美国学者 Bailey 首次提出了一个初步的生态区划方案，他先根据气候影响因子划分生态大区，再根据区域地形、植被、土壤的分布状况对大区进行细化。Bailey 认为区划就是按照其空间关系来组合自然单元的过程，并按照地域（Domain）、区（Divison）、省（Province）和地段（Section）4 级标准划分美国的生态区域；他将地理学家的工具——地图、尺度、界线和单元等引入生态系统的研究中，有助于将生态学的数据、资料应用于生物多样性的监测、土地资产的管理和气候变化结果的解释等方面。Bailey 认为生态区划分与其他土地分类方式不同，生态系统的界限判定除了要依据现有的生物资源，还应该考虑影响不同尺度生态系统分类的因子，这样对于生态系统的识别和比较就不会受到土地利用现状和其他因素的影响（Bailey，1989）。1998 年，他为美国农业部（United Stated Department of Agriculture，USDA）编制了美国生态区划，该区划为有效指导农业生产提供了科学基础（Bailey，1998）。在 Bailey 美国生态区划图的基础上，McNab

等（1994）进一步进行了小区域（Subregions）的生态区域划分，并对各区域进行了详细论证。

1995 年，世界野生生物基金组织联合世界银行制定了生态区划，为生物多样性保护，维持生态系统与生境多样性提供了新的研究框架（Dinerstein et al.，1995）。1996 年，美国以 MLRA（Major Land Resource Areas）、美国林务局和美国国家环境保护局生态框架为基础，研究并建立了美国的生态单元空间框架。该框架不仅综合了各领域专家的研究成果，探讨了不同要素之间的相互作用、相互联系的互动机制，同时深化了对陆地系统的全面理解，而且提供了一个平台有利于各部门协作配合、评估自然资源、制定和执行规划（McMahon et al.，2001；Thomas，2004）。

加拿大环境合作委员会（Commission for Environmental Cooperation，CEC）于 1997 年开展北美地区生态区划研究，为开展全国尺度及区域尺度的环境报告与评价提供了基础框架（CEC，1997）。

20 世纪 70 年代，IUCN 提出依据世界生物地理区划系统建立各国完善的自然保护区网络系统，目的是使各自然保护区的布局符合生物地理省份分区体系，并为人与生物圈（MAB）计划所采纳。

生态区划主要应用于陆地生物多样性评价，野生动物生境累积威胁的等级划分、森林调查清单、土地利用、物种分布与生态区关系等，对生态建设和环境保护起到积极的推动作用。

5.1.3　实施生态补偿

为了有效保护生态环境，世界各国、各地区广泛探索建立生态补偿机制，采取市场交易或财政转移支付等方式向生态服务提供者付费（高彤等，2006）。国际上，生态补偿通常被称为生态系统或环境服务付费（Payments for Ecosystem/Environmental Services，PES），强调通过经济手段反映生态系统服务价值。近年来，在国际生态补偿方面，产权所有制、权责分担机制和社区参与机制在具体实践中不断完善，生态补偿标准和方式更趋灵活多样，对保护生态环境起到了积极的作用。

（1）将区域生态系统服务作为生态补偿的主要依据

英国 2013 年实施的泥炭地生态补偿项目，通过全面梳理泥炭地水源涵养、洪水调蓄、生物多样性保护、碳储存、休闲娱乐等多种调节与文化服务功能，建立了以区域生态系统服务为依据的生态补偿融资机制。通过争取来自政府、国际组织、企业、公益机构等多方补偿资金，突破以往单一依赖政府财政转移支付的补偿方式和资金不足的困境，同时能够统筹区域生态系统要素之间的关联性，制定出更为切实有效的生态保护方案。

（2）将明确自然资源资产权属作为实施生态补偿的基础

2012 年，巴西通过立法手段推动实施农村环境注册（The Rural Environmental Registry），要求农户通过全国统一网站进行登记，确认归属于自身的自然资源及其对应的环境责任，并在此过程中由当地环保组织进行协助，同时出台配套政策措施限制未取得登记认证农户的农产品市场流通及金融贷款权限以保障注册登记顺利推进。该措施有效厘清了历史遗留的产权主体交叉问题，为实施生态补偿明确了补偿对象及生态保护责任人。

（3）实行差别化的补偿标准和多样化的补偿方式

美国切萨皮克湾依据地区生态保护成效进行差别化补偿，在达到相同生态成效下能够节约近一半成本。哥斯达黎加则使用浮动价格系统（Sliding Scale System），依据不同农户对现金补偿的需求差异，对农户每增加的公顷受偿土地梯度减少现金补偿额度，以非物质补偿形式替代。玻利维亚为受偿农户提供蜂房及养蜂培训，帮助农户创造新的生计来源。哥伦比亚则引导牧民打造林牧系统，在为农户提供新的生计来源的同时提升了生态环境质量，牧民在补偿期结束的 4 年后依然持续依赖林牧复合系统，有效维持了生态产业的可持续性。

（4）建立流域补偿责任共担和协作机制

欧洲最大跨国水系多瑙河、非洲尼罗河流域、北美洲密西西比河流域、南美洲亚马孙流域等全球主要跨国跨州流域，均采取公约框架作为基础并设立常设机构的责任共担协作机制开展流域生态补偿和生态修复工作。其中，公约框架为合作提供法律基础，常设机构的设置则为流域整体生态环境改善提供了长效的沟通、协商、协作平台。

（5）强化受补偿区域的社区协同管理机制建设

南美厄瓜多尔桑盖国家公园培训一批当地居民作为生态补偿项目的公共监督员，虽然居民大多仅为小学学历，但经过培训后他们都能较好地掌握调查与生态保护监管工作。印度尼西亚、老挝、越南开展的生态补偿社区共管模式，能够在投入成本低于专业监管成本的情况下，保持监管效率不降低。马拉维共和国则通过集聚支付（Agglomeration Payment）的方式开展社区协同管理，即充分调动每一个生态补偿的受偿者成为项目实施的监管人，该支付方式不仅向农户支付其本身的补偿费用，还在其带动邻户参与生态保护修复活动时，对该农户进行额外奖励，有效促进形成相邻农户间的监督和带动机制。

（6）开展综合性的生态补偿效益评估

2017 年，Börner、Baylis、Corbera、Ezzine-de-blas、Honey-roés、Persson 以及 Wunder 等学者联合发表论文，建议通过项目成本、直接项目效果、间接项目溢出、支付指标和生态服务的相关性等 4 个方面综合评估生态补偿效益，其中项目成本与间接项目溢出是效益评估相较于以往影响评估所增加的部分。

5.2 我国重要生态空间管控手段

5.2.1 自然保护地

自然保护地是由各级政府依法划定或确认，对重要的自然生态系统、自然遗迹、自然景观及其所承载的自然资源、生态功能和文化价值实施长期保护的陆域或海域（高吉喜等，2021；李金路等，2020）。建立自然保护地目的是守护自然生态，保育自然资源，保护生物多样性与地质地貌景观多样性，维护自然生态系统健康稳定，提高生态系统服务功能；服务社会，为人民提供优质生态产品，为全社会提供科研、教育、体验、游憩等公共服务；维持人与自然和谐共生并永续发展。

1956 年经国务院批准，中国科学院华南植物研究所在肇庆鼎湖山建立了中国第一个自然保护区——鼎湖山自然保护区，标志着我国生态保护与建设的起步。经过 60 多年的努力，我国已建立数量众多、类型丰富、功能多样的各级各类自然保护地。截至 2018 年，各类自然保护地总数 1.18 万处，其中国家级 3 766 处。各类陆域自然保护地总面积占陆地国土面积的 18%以上，已超过世界平均水平。其中，自然保护区面积约占陆地国土面积的 14.8%，占所有自然保护地总面积的 80%以上；风景名胜区和森林公园约占 3.8%；其他类型的自然保护地面积所占比例则相对较小。各类自然保护地主要是按行业和生态要素分别建立的，自然保护地管理机构基本实行属地管理，地方政府负责自然保护地的"人、财、物"管理。这些自然保护地在保护生物多样性、保存自然遗产、改善生态环境质量和维护国家生态安全方面发挥了重要作用，但仍然存在重叠设置、多头管理、边界不清、权责不明、保护与发展矛盾突出等问题。

2019 年 6 月，中共中央办公厅、国务院办公厅印发了《关于建立以国家公园为主体的自然保护地体系的指导意见》，要求：建成中国特色的以国家公园为主体的自然保护地体系，推动各类自然保护地科学设置，建立自然生态系统保护的新体制、新机制、新模式，建设健康稳定高效的自然生态系统，为维护国家生态安全和实现经济社会可持续发展筑牢基石，为建设富强民主文明和谐美丽的社会主义现代化强国奠定生态根基。

制定自然保护地分类划定标准，对现有的自然保护区、风景名胜区、地质公园、森林公园、海洋公园、湿地公园、冰川公园、草原公园、沙漠公园、草原风景区、水产种质资源保护区、野生植物原生境保护区（点）、自然保护小区、野生动物重要栖息地等各类自然保护地开展综合评价，按照保护区域的自然属性、生态价值和管理目标进行梳理调整和归类，逐步形成以国家公园为主体、自然保护区为基础、各类自然公园为补充的自然保护地分类系统。

5.2.2　生态功能区划

2000 年，国务院颁布了《全国生态环境保护纲要》，要求开展全国生态功能区划，为经济、社会和环境保护持续健康发展提供科学支持。自 2001 年开始，国家环境保护总局会同有关部门组织开展了全国生态环境现状调查。在此基础上，由中国科学院生态环境研究中心以甘肃省为试点开展了省级生态功能区划研究工作，并编制了《全国生态功能区划规程》。2002 年 8 月，国家环境保护总局会同国务院西部开发办联合下发了《关于开展生态功能区划工作的通知》，启动了西部 12 个省、自治区、直辖市和新疆生产建设兵团的生态功能区划。2003 年 8 月开始了中东部地区生态功能区划。2004 年，全国 31 个省（区、市）和新疆生产建设兵团完成了生态功能区划编制工作。

2004—2005 年，在各省（区、市）生态功能区划基础上，国家环境保护总局会同中国科学院编制了《全国生态功能区划》（初稿）。2008 年，环境保护部和中国科学院制定印发了《全国生态功能区划》。该区划为建设项目环境影响评价等生态环境管理工作提供了空间管控的依据，为《全国主体功能区规划》确定全国重点生态功能区的范围，提供了有效的借鉴和参考。

2015 年，环境保护部会同中国科学院发布了《全国生态功能区划（修编版）》，通过修编修订，明确了按照生态调节、产品提供与人居保障等三大类生态系统服务功能，将国土空间划分成水源涵养、生物多样性保护、土壤保持、防风固沙、洪水调蓄、农产品提供、林产品提供、大都市群和重点城镇群等 9 种生态功能类型的生态功能分区方法，将全国重要生态功能区由原来的 50 个扩大到 63 个，并进一步明确了各重要生态功能区的具体范围和生态保护要求。具体区划体系见表 5-1。

表 5-1　全国生态功能区划体系

生态功能大类 （3 类）	生态功能类型 （9 类）	生态功能区举例 （242 个）
生态调节	水源涵养	米仓山—大巴山水源涵养功能区
	生物多样性保护	小兴安岭生物多样性保护功能区
	土壤保持	陕北黄土丘陵沟壑土壤保持功能区
	防风固沙	科尔沁沙地防风固沙功能区
	洪水调蓄	皖江湿地洪水调蓄功能区
产品提供	农产品提供	三江平原农产品提供功能区
	林产品提供	小兴安岭山地林产品提供功能区
人居保障	大都市群	长三角大都市群功能区
	重点城镇群	武汉城镇群功能区

5.2.3　国家重点生态功能区

重点生态功能区是指生态系统十分重要，关系全国或较大范围区域的生态安全，目前生态系统有所退化，需要在国土空间勘探开发中限制进行大规模高强度工业化城镇化开发，以保持并提高生态产品供给能力的区域。

2010 年 12 月，国务院印发《全国主体功能区规划》，划定了包括大小兴安岭森林生态功能区等 25 个地区在内的国家重点生态功能区，总面积约 386 万 km^2，占全国陆地国土面积的 40.2%，国家重点生态功能区分为水源涵养型、水土保持型、防风固沙型和生物多样性维护型 4 种类型。

2016 年 9 月，国务院批复同意 240 个县（市、区、旗）及 87 个重点国有林区林业局新增纳入国家重点生态功能区。

国家重点生态功能区名录见表 5-2。

表 5-2　国家重点生态功能区名录

国家重点生态功能区名称	
青藏高原 生态屏障区	藏西北羌塘高原荒漠生态功能区、阿尔金草原荒漠化防治生态功能区、三江源草原草甸湿地生态功能区、若尔盖草原湿地生态功能区、甘南黄河重要水源补给生态功能区、祁连山冰川与水源涵养生态功能区、藏东南高原边缘森林生态功能区、珠穆朗玛峰生物多样性保护与水源涵养生态功能区
黄河重点生态区 （含黄土高原生态屏障）	黄土高原丘陵沟壑水土保持生态功能区、贺兰山—阴山防风固沙生态功能区、燕山—太行山区水源涵养与水土保持生态功能区、鲁中山区土壤保持生态功能区
长江重点生态区 （含川滇生态屏障）	大别山水土保持生态功能区、三峡库区水土保持生态功能区、武陵山区生物多样性与水土保持生态功能区、川滇森林及生物多样性生态功能区、桂黔滇喀斯特石漠化防治生态功能区、秦巴生物多样性生态功能区、滇西北高原生物多样性生态功能区、岷山—邛崃山—凉山生物多样性生态功能区、川滇干热河谷水土保持生态功能区、洞庭湖洪水调蓄与生物多样性生态功能区、鄱阳湖洪水调蓄与生物多样性生态功能区、罗霄山脉水源涵养生态功能区、洪泽湖洪水调蓄生态功能区、天目山—怀玉山区水源涵养与生物多样性生态功能区
东北森林带	长白山森林生态功能区、三江平原湿地生态功能区、大小兴安岭森林生态功能区、松嫩平原生物多样性保护与洪水调蓄生态功能区
北方防沙带	阿尔泰山地森林草原生态功能区、塔里木河荒漠化防治生态功能区、阴山北麓草原生态功能区、呼伦贝尔草原草甸生态功能区、浑善达克沙漠化防治生态功能区、科尔沁草原生态功能区、天山水源涵养与生物多样性生态功能区、鄂尔多斯高原防风固沙生态功能区、京津冀北部—辽河水源涵养生态功能区
南方丘陵山地带	南岭山地森林及生物多样性生态功能区、云开大山—大瑶山水源涵养与生物多样性生态功能区、西江上游水源涵养与土壤保持生态功能区、无量山—哀牢山生物多样性生态功能区、滇南生物多样性生态功能区、浙闽山地生物多样性保护与水源涵养生态功能区、武夷山—戴云山生物多样性生态功能区、大北山水源涵养生态功能区
海岸带	海南岛中部山区热带雨林生态功能区，辽东湾、黄河口及邻近海域、北黄海、苏北沿海、长江口—杭州湾、浙中南、台湾海峡、珠江口及邻近海域、北部湾、环海南岛、西沙、南沙等生物多样性和海岸防护生态功能区

5.2.4　生物多样性保护优先区域

　　2010 年，国务院批准发布了《中国生物多样性保护战略与行动计划（2011—2030 年）》（以下简称《战略与行动计划》），《战略与行动计划》根据我国的自然条件、社会经济状况、自然资源以及主要保护对象分布特点等因素，将全国划分为 8 个自然区域，即东北山地平原区、蒙新高原荒漠区、华北平原黄土高原区、青藏高原高寒区、西南高山峡谷区、中南西部山地丘陵区、华东华中丘陵平原区和华南低山丘陵区。

综合考虑生态系统类型的代表性、特有程度、特殊生态功能，以及物种的丰富程度、珍稀濒危程度、受威胁因素、地区代表性、经济用途、科学研究价值、分布数据的可获得性等因素，划定了 35 个生物多样性保护优先区域，包括大兴安岭区、三江平原区、祁连山区、秦岭区等 32 个内陆陆地及水域生物多样性保护优先区域，以及黄渤海、东海及台湾海峡、南海等 3 个海洋与海岸生物多样性保护优先区域。

5.2.5　生态保护红线

生态保护红线是指在生态空间范围内具有特殊重要生态功能、必须强制性严格保护的区域，是保障和维护国家生态安全的底线和生命线，通常包括具有重要水源涵养、生物多样性维护、水土保持、防风固沙、海岸生态稳定等功能的生态功能重要区域，以及水土流失、土地沙化、石漠化、盐渍化等生态环境敏感脆弱区域。划定生态保护红线并实行严格保护，是党中央、国务院站在对历史和人民负责的高度，对生态保护作出的战略部署。

2011 年，国务院在《关于加强环境保护重点工作的意见》（国发〔2011〕35 号）中明确提出划定生态红线，对重要生态功能区、陆地和海洋环境敏感区、脆弱区进行保护，首次在国家层面提出"划定生态红线"的构想。

2012 年，启动生态红线划定试点工作，确定内蒙古、江西、湖北和广西为红线划定试点。

2014 年，环境保护部印发《国家生态保护红线——生态功能基线划定技术指南（试行）》，成为我国首个生态保护红线划定的纲领性技术指导文件。

2015 年 1 月，新修订的《中华人民共和国环境保护法》提出"国家在重点生态功能区、生态环境敏感区和脆弱区等区域划定生态保护红线，实行严格保护"，生态保护红线上升到法治高度；5 月，环境保护部印发了《生态保护红线划定技术指南》（环发〔2015〕56 号），指导全国生态保护红线划定工作；11 月，环境保护部印发了《关于开展生态保护红线管控试点工作的通知》（环办函〔2015〕1850 号），选择江苏、海南、湖北、重庆和沈阳开展生态保护红线管控试点，指导试点地区在生态保护红线区环境准入、绩效考核、生态补偿和监管等方面进行探索。

2017 年 7 月，环境保护部办公厅、国家发展改革委办公厅共同印发《生态保护红线划定指南》（环办生态〔2017〕48 号），明确了划定要求与安排，全国生态保护红线划定工作正式全面启动。

2018 年，国务院批准了京津冀 3 省（市）、长江经济带 11 省（市）和宁夏回族自治区共 15 省（区、市）生态保护红线划定方案。

2019 年 6 月，自然资源部、生态环境部共同发布《关于开展生态保护红线评估工作的函》（自然资办函〔2019〕1125 号），部署开展生态保护红线评估调整工作；10 月，中共中央办公厅、国务院办公厅印发《关于在国土空间规划中统筹划定落实三条控制线的指导意见》，提出完成三条控制线划定和落地，协调解决矛盾冲突。

2021 年，国家率先在浙江、江西、山东、广东、四川 5 个省开展"三区三线"（三线为城镇开发边界、永久基本农田和生态保护红线）划定试点工作，并取得一定应用和实践经验。

2022 年，自然资源部印发《关于在全国开展"三区三线"划定的函》（自然资函〔2022〕47 号），提出结合省、市、县国土空间总体规划编制统筹划定"三区三线"，并上图入库，实现"数、线、图"一致。

2023 年 4 月，经过多部门、多层级共同努力，历经全覆盖、多轮次的基础数据衔接、矛盾冲突分析、布局优化调整等工作，首次全面完成了全国生态保护红线的划定。

具体划定历程见图 5-1。

目前，全国生态保护红线不低于 319 万 km^2，其中陆域生态保护红线不低于 300 万 km^2，占陆域国土面积的 30% 以上，海洋生态保护红线不低于 15 万 km^2。生态保护红线集中分布在青藏高原生态区、黄河重点生态区、长江重点生态区、东北森林带、北方防沙带、南方丘陵山地带、海岸带等区域，覆盖了绝大多数草原、重要湿地、珊瑚礁、红树林、海草床等重要生态系统，以及绝大多数未开发利用的无居民海岛。划定后的生态保护红线由 3 部分组成：一是整合优化后的自然保护地，面积不低于 180 万 km^2，约占生态保护红线总面积的 56%；二是自然保护地外水源涵养、生物多样性维护、水土保持、防风固沙、海岸防护等生态功能极重要区域，以及水土流失、沙漠化、石漠化、海岸侵蚀等生态极脆弱区域约 85 万 km^2，约占生态保护红线总面积的 29%；三是其他具有潜在重要生态价值的生态空间约 50 万 km^2，约占生态保护红线总面积的 15%。

2011 年	首次提出划定生态红线任务	《国务院关于加强环境保护重点工作的意见》（国发〔2011〕35 号）提出："在重要生态功能区、陆地和海洋生态环境敏感区、脆弱区等区域划定生态红线"
2012 年	生态红线划定试点启动	2012 年 3 月，环境保护部组织召开全国生态红线划定技术研讨会，对全国生态红线划定工作进行了总体部署。确定内蒙古、江西、湖北和广西为红线划定试点
2014 年	首个纲领性技术指导文件	环境保护部印发《国家生态保护红线——生态功能基线划定技术指南（试行）》
2015 年	上升法律高度	《中华人民共和国环境保护法》第二十九条"国家在重点生态功能区、生态环境敏感区和脆弱区等区域划定生态保护红线，实行严格保护"
2017 年	全面启动红线划定工作	中共中央办公厅、国务院办公厅印发《关于划定并严守生态保护红线的若干意见》，明确划定要求与总体安排
2018 年	划定方案通过	2018 年 2 月，国务院批准京津冀 3 省（市）、长江经济带 11 省（市）和宁夏回族自治区共 15 省（区、市）生态保护红线划定方案
2019—2020 年	开展评估调整	《关于开展生态保护红线评估工作的函》部署开展生态保护红线的评估调整工作
2021 年	调整方案上报国务院	生态保护红线评估调整方案上报国务院后，2021 年 7 月，国家选取浙江、江西、山东、广东、四川 5 个省部署开展"三区三线"划定试点工作
2022 年	"三区三线"划定	《自然资源部关于在全国开展"三区三线"划定工作的函》全面启动全国"三区三线"正式划定工作
2023 年	红线划定全部完成	2023 年 5 月，自然资源部宣布我国生态保护红线划定工作已经全面完成

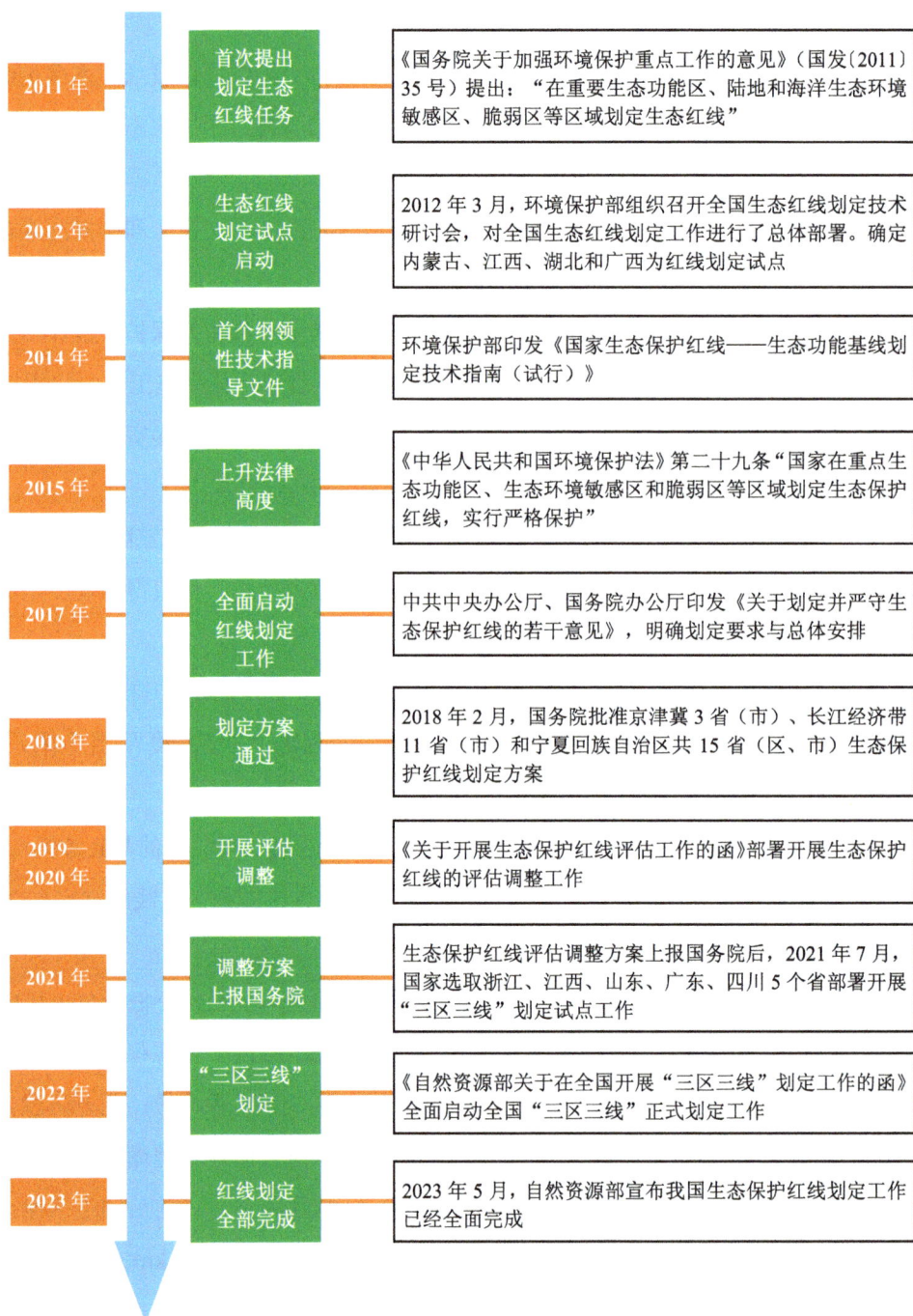

图 5-1　生态保护红线划定历程

党的二十大报告指出，必须牢固树立和践行"绿水青山就是金山银山"的理念，站在人与自然和谐共生的高度谋划发展。习近平总书记先后多次就生态保护红线作出重要指示批示，要求"在生态保护红线方面，要建立严格的管控体系，实现一条红线管控重要生态空间，确保生态功能不降低、面积不减少、性质不改变"。2023 年 7 月，习近平总书记在全国生态环境保护大会上发表重要讲话，强调了建设美丽中国是全面建设社会主义现代化国家的重要目标，系统部署了美丽中国建设的战略任务和重大举措。

我国根据国情科学制定生态保护红线管控规则，实行严格生态保护红线监管，是中国生态环境保护的一项重要制度创新，也为全球生物多样性保护提出了中国方案。目前，全国生态保护红线划定工作已全部完成，如何严格管控生态保护红线是关键，需不断提升国家生态保护红线监管平台业务化应用水平，推动智慧化、信息化、标准化监管，完善部门协同工作机制，形成合力共同守护好生态保护红线。新形势下，进一步强化生态保护红线制度的法律法规，对于深入践行习近平生态文明思想、构建人与自然生命共同体、促进人与自然和谐共生具有重要现实意义。

5.2.6　生态保护补偿机制

国家高度重视生态补偿机制建设工作，已投入上万亿元资金用于生态建设与保护，这些生态保护补偿项目空间差异明显，侧重于经济比较落后但生态功能相对重要的西北和西南地区。各地在推进生态保护补偿实践方面也积累了大量的经验，形成了以基于环境质量改善的财政激励机制、基于生态环境因素的转移支付机制、面向区域合作的补偿机制以及市场化补偿机制为主要途径的生态保护补偿体系（刘桂环等，2018）。

跨省流域生态补偿已基本建立，我国在省内跨界流域水质生态补偿积累的成功经验的基础上，自下而上推广至跨省层面，已经形成了省、市、县多层次的流域生态补偿模式。重点生态功能区生态补偿转移支付工作成效显著，据初步统计，区域生态系统服务功能正趋于稳定，自然生态系统质量逐步好转，转移支付对国家重点生态功能区的生态环境保护发挥了积极作用。重要生态系统补偿机制全面铺开，《中央财政草原生态保护补助奖励资金管理暂行办法》（财农〔2011〕532 号）标志着草原生态保护补偿机制正式建立；森林生态效益补偿基金和退耕还林工程是我国最有影响力的森林生态补偿政策；全国部分重要湿地开展了湿地生态效益补偿试点工作，首批试点单位 27 个；耕地等领域生态补偿初步试水，目前，全国已有四川成都、广东佛山、浙江海宁等地开展了耕地保护补偿试点工作。

目前，我国生态保护补偿政策尚未形成长效机制，退耕还林、退牧还草、生态公益林补偿金等政策大多是以项目、工程、计划的方式组织实施，而且有明确的时限，期限内农民、牧民全靠补助生存，当期限过后居民利益得不到补偿时，为了满足基本的生活和发展需求，可能出现新一轮的生态破坏问题，政策的不可持续给实施效果带来一定风险。同时，后续的考核、监测与评估机制也不完善，导致生态保护者责任难以落实到位，尽管目前国家已投入大量补偿资金，但仍存在生态环境效果不佳等问题。

6

新区生态安全保障对策设计

生态安全是区域经济社会持续健康发展的重要保障，通过合理的生态规划、开发利用和管理，保证区域生态系统的稳定和自然资源的可持续利用，从而维护人类健康和经济社会发展的生态环境。本章基于雄安新区面临生态问题，从保障新区国土空间生态安全出发，提出生态保护红线划定、国土空间分类管控、白洋淀国家公园建设、生态保护补偿等对策措施。

6.1 划定并严守生态保护红线

6.1.1 原生态保护红线划定情况

2018 年 4 月，中共中央、国务院批复同意《河北雄安新区规划纲要》，明确提出"先期划定以白洋淀核心区为主的生态保护红线，范围为 96 km²，远期结合森林斑块和生态廊道建设逐步扩大"。2018 年 12 月，经党中央、国务院同意，国务院批复同意《河北雄安新区总体规划（2018—2035 年）》，明确提出"先期以白洋淀生态功能区为基础划定生态保护红线，范围约 96 km²；中后期结合林地斑块和生态廊道建设逐步扩大"。

将生态保护红线划定成果数据与地形地貌矢量数据、森林资源二类调查数据、国土"三调"数据进行叠加分析，并借助高分遥感影像进行对比分析，雄安新区生态保护红线边界与白洋淀湿地走向以及第三次国土资源调查数据中林地、草地等生态用地边界基本一致，但是局部地区的红线走向与沼泽地、湖泊水面和河流水面等自然边界存在不吻合的情况。原生态保护红线与村庄建设用地、农业用地、线性基础设施用地、采矿用地等存在冲突。

6.1.2　生态保护红线优化规则

新区生态保护红线优化规则主要分为 3 部分内容，一是针对生态红线保护红线边界的矛盾冲突情况，制定矛盾冲突处理规则；二是根据生态评价结果，制定将生态保护红线外具有生态保护价值区域划入红线的规则；三是制定生态保护红线边界细碎地块图斑的优化整合等其他问题规则。

6.1.2.1　生态保护红线矛盾冲突调整规则

（1）农业用地

依据第三次国土资源调查数据、遥感影像资料，经现场踏勘核实确为集中连片农业用地（水田、水浇地、果园和设施农用地单个图斑 10 亩以上）调出红线，农业用地之间的农村道路、沟渠等线性基础设施用地同步调出红线，零星分散的农业用地保留在生态保护红线内。

（2）镇村建设用地

依据第三次国土资源调查数据、遥感影像资料，结合现场踏勘，将镇村建设用地（农村宅基地、商业服务业设施用地、工业用地、物流仓储用地、公用设施用地、机关团体新闻出版用地、科教文卫用地、水工建筑用地等图斑）调出红线。

（3）特殊用地

依据第三次国土资源调查数据、遥感影像资料，经现场踏勘核实确为集中连片特殊用地（单个图斑 1 亩以上）调出红线；零星分散的特殊用地保留在生态保护红线内。

（4）旅游景点用地

列入县级以上规划（扩建）的旅游景点可调出红线；未列入县级以上规划（扩建）的旅游景点保留在生态保护红线内。

（5）线性基础设施用地

依据第三次国土资源调查数据、遥感影像资料，经现场踏勘核实，线性基础设施（城镇村道路用地、公路用地、农村道路、港口码头用地、交通服务场站用地等图斑）与红线边界走向一致的调出红线，与红线边界走向相交或垂直的关系的线性基础设施保留在生态保护红线内。

（6）采矿用地

依据第三次国土资源调查数据、遥感影像资料，经现场踏勘核实，确为合法矿业权（须提供采矿许可证、勘查许可证）可从生态保护红线中调出。

（7）规划建设用地

符合县级以上土地利用规划（包括允许建设区和有条件建设区）、城乡规划或新区以上相关专项规划的规划建设用地，可从生态保护红线中调出（需提供有关规划批复文件及矢量数据）；调出后对新区生态保护红线格局影响较大的暂不调出。

（8）重点项目

已批准立项、明确选址的国家级新区级重点项目用地从生态保护红线中调出（需提供审批、核准、备案的证明文件或批复的相关规划等）；未经批准、未明确选址，或调出后对生态保护红线格局影响较大的重点项目用地，暂不调出。

6.1.2.2 生态保护红线划入规则

（1）生态保护极重要区域

根据新区生态保护重要性评价成果，将大于 $1\ km^2$ 的生态保护极重要区域划入生态保护红线。

（2）各类自然保护地

新区生态保护红线深化优化工作动态管理，与自然保护地整合优化相衔接，将整合优化后的自然保护地纳入生态保护红线。

（3）其他区域

其他经评估目前虽不能确定但具有潜在重要生态价值的区域，包括对地方生态保护有重要价值的自然生态系统、自然遗迹、自然景观、野生动植物栖息地、野生动物迁徙廊道等，如红线周边的湖泊水面、沼泽地、内陆滩涂、坑塘水面、乔木林地等"三调"图斑，结合新区实际情况，划入生态保护红线。

（4）避免新的矛盾冲突

所有新划入区域应剔除永久基本农田、耕地、镇村建设用地、重大基础设施工程、战略性资源矿产地、国家规划矿区等各类现状矛盾冲突，同时做好与相关规划的衔接，对已明确选址，符合县级以上国土空间规划或通过新区级以上项目主管部门审批的拟建项目，预留建设空间。

6.1.2.3   其他问题处理规则

（1）优化生态保护红线边界

统筹考虑生态保护红线勘界定标及后续管理工作，按照边界一致性原则，根据河流和湖泊等自然地貌单元边界、生态系统分布界线、地块边界，考虑生态系统完整性和红线管理可操作性，对原有生态保护红线划定边界及调整后的边界进行整饰，提高红线的连通性、完整性和一致性。

（2）消除细小天窗和缝隙

分析红线内部的细小天窗和缝隙，对管控无影响或者由坐标转换偏移造成的，如与现状和规划不存在矛盾冲突，应一并划入红线以保障生态系统完整性和连通性。

（3）整合细碎图斑

结合实地自然地理情况和景观特征，将原红线边界处矛盾冲突，且与周边保留在红线内的图斑难以整合的细碎图斑调出，将通过整合可与周边红线合并的细碎图斑保留在红线中；将调整矛盾冲突后形成的不再具有保护价值的细碎图斑调出，确保调整后生态保护红线整体性和连通性有所提高。

6.1.2.4   划定生态保护红线储备区

《河北雄安新区规划纲要》《河北雄安新区总体规划（2018—2035年）》《白洋淀生态环境治理和保护规划（2018—2035年）》《雄安新区生态环境保护规划》等文件中要求先期划定以白洋淀核心区为主的生态保护红线，远期结合森林斑块和生态廊道建设逐步扩大。同时，考虑新区未来一定时期重大建设项目占用生态保护红线，以及红线核实整改等补划需要，结合新区"双评价"结果划定潜力数据，合理确定新区红线周边储备区划定数量和面积。

（1）划定标准

生态保护红线储备区应在新区生态保护红线之外集中连片程度较好、人类活动较少、生态环境较好的生态用地中优先划定，划定的储备区应相对集中，或与现有生态保护红线集中连片。因重大建设项目占用生态保护红线的，应将重大建设项目周边生态用地划入红线储备区。生态保护红线周边范围内储备区应划尽划后其规模仍不足的，可按照空间由近及远、生态环境质量由高到低的要求，在新区范围内划定储备区。

（2）动态更新

生态保护红线储备区使用后，应根据新区生态建设工作的推进、森林斑块和生态廊道建设的逐步扩大，适时将对区域生态安全具有重要支撑作用的区域纳入生态保护红线范围等情况，根据统一安排，结合"双评价"等有关工作，对储备区进行补充更新，动态调整储备区，保障重大建设项目占用生态保护红线补划的需要。

6.1.3　生态保护红线管控要求

根据中共中央办公厅、国务院办公厅印发的《关于在国土空间规划中统筹划定落实三条控制线的指导意见》，中共河北省委办公厅、河北省人民政府办公厅印发的《关于在国土空间规划中统筹划定落实三条控制线的若干措施》，《自然资源部　生态环境部　国家林业和草原局关于加强生态保护红线管理的通知（试行）》（自然资发〔2022〕142号）等文件要求，结合新区实际情况，以及未来经济发展和生态环境保护的需求，提出了新区生态保护红线管控要求。

6.1.3.1　生态保护红线准入要求

雄安新区生态保护红线内原则上禁止人为活动，严格禁止开发性、生产性建设活动，在符合现行法律法规的前提下，除国家重大战略项目外，仅允许对生态功能不造成破坏的有限人为活动，主要包括：

1）原住居民基本生产生活活动。包括：零星的原住居民在不扩大现有建设用地和耕地规模的前提下，允许修缮生产生活设施，保留生活必需的种植、养殖，服务于原住居民基本生产生活需要的发电、供水、供气、通信、道路、码头等基础设施和公共服务配套设施建设、维护和改造等。

2）自然资源、生态环境调查监测和执法，包括：水文水资源监测和涉水违法事件查处，灾害防治和应急抢险，地质灾害调查评价、监测预警、工程治理等防治工作和应急抢险活动。

3）经依法批准的非破坏性科学研究观测、标本采集，考古调查发掘和文物保护活动。

4）不破坏生态功能的适度参观旅游和相关必要的公共设施建设。包括：卫生间、污水处理、垃圾储运，供电、供气、供水、通信，标识标志牌、道路、生态停车场、休憩休息设施，安全防护、应急避难、医疗救护、电子监控以及依法依规批准的配套性旅游设施等。

5）必须且无法避让，符合县级以上国土空间规划的线性基础设施建设、防洪和供水设施建设与运行维护；已有的合法水利、交通运输设施运行和维护等。包括：公路，铁路，桥梁，电缆，油气、供水、供热管线，航道基础设施；输变电、通信基站等点状附属设施，河道整治等。

6）地质调查与矿产资源勘查开采。包括：战略性矿产资源基础地质调查和矿产远景调查等公益性工作；已依法设立的油气矿业权勘查以及不扩大生产区域范围的开采活动。

7）依据县级及以上国土空间规划及生态修复专项规划，经批准开展的重要生态修复工程。

6.1.3.2 生态保护红线内原有活动管理

雄安新区生态保护红线内的已有人类活动和建设项目遵循尊重历史、实事求是、依法处理、逐步解决的原则，从严查处违法建设项目。应当根据对生态环境影响的程度，分别采取以下方式进行处理：

1）原住居民基本生产生活、适度参观旅游和相关必要公共设施等建设，应符合省级以下国土空间规划和自然保护地规划，提出用地标准、建设规模、开发强度、建筑风貌、生态环境保护等限制性要求。

2）鼓励发展生态农业，减少化肥农药施用，降低农业面源污染。

3）在自然保护地核心保护区外，经依法批准，可开展以改善林分结构、提高森林质量和生态功能为目的的森林经营活动；人工商品林、园地可进行必要的采伐、采摘、树种更换、抚育。鼓励新区通过签订协议、改造提升、租赁、置换、赎买等方式，对商品林进行统一管护，并将重点区位的商品林逐步调整为生态公益林。

4）已有的交通、通信、能源管道、输电线路等线性基础设施，合法矿业权，以及防洪水利等设施，按照相关法律法规规定进行管理，严禁擅自扩大规模。线性基础设施尽量采用桥梁方式，留出动物迁徙通道；对机动车辆、高铁、动车、航行船舶等实行合理的限流、限速、限航、低噪声、禁鸣、禁排管理。

5）淡水养殖等活动应控制规模，避免破坏生态系统功能；水生生物保护的水域，禁止过驳作业、合理选择航道养护方式，必要的航道疏浚活动应避开主要经济鱼类和珍稀保护动物产卵期，确保水生生物安全。

6）项目建设及其临时用地必须依据国土空间规划优化选址，避让生态保护红线。确实无法避让的，应严格按照主管部门批复的建设规模，减少占用天然草地、林地、水库水面、河流水面、湖泊水面等自然生态空间以及重要生态廊道。项目建设及其临时用地使用结束后，应及时开展生态修复，将对生态环境的影响降到最低。

6.1.4　生态保护红线监管建议

（1）理顺各部门的职责和权力事项

强化新区生态环境部门生态保护红线生态环境统一监管职责，由生态环境部门统一开展生态环境监测、生态状况和保护修复成效评估和生态环境保护综合行政执法。落实自然资源部门的"所有者"职责，由自然资源部门负责生态保护红线的划定和调整、自然资源调查评估、空间用途管制和生态保护修复等工作，对国土空间规划实施情况、违法违规占用生态保护红线用地行为进行监督检查。林业和草原、水利等部门对相关要素进行监督管理。

（2）加强对人为活动的日常监管

开展常态化的生态保护红线人为活动监测，针对生态环境风险较大、人为活动较密集、野生动植物栖息地等区域开展加密监测，及时发现疑似问题线索。对生态保护红线内人为活动实施清单化监管，对开发建设活动设置准入"门槛"和强度"控制阀"，明确不同分区差别化管控措施，严禁有损主导生态服务功能的人为活动。按照存量、增量，对生态保护红线内人为活动实施分类监管。对于生态保护红线内已有的，属于允许的有限人为活动，原则上禁止扩大范围占用生态保护红线；对于其他的人为活动，结合实际情况，制订退出计划，并严格执行。对于需要占用生态保护红线，属于新增的人为活动，除符合现行法律法规、属于国家重大战略项目且对生态功能不造成破坏外，不得进入生态保护红线；生态保护红线内自然保护地核心保护区原则上禁止人为活动。强化监测、执法的协同，及时发现处理违法违规问题并督促问题整改。

（3）拓宽监管结果应用途径

通过多种途径强化监督结果应用，增强生态保护红线监管的权威性，落实新区政府、有关部门职责和企业生态环境保护责任。将监管结果作为优化生态保护红线布局、制定空间用途管控政策和管控方案、开展保护修复工作的重要参考，强化生态保护红线内生态系统的适应性管理，引导区域高质量发展。推动将监管结果纳入领导干部绩效考核、自然资源资产离任审计。要使损害者担责，进一步研究制定生态保护红线生态环境损害的鉴定技术方法和生态环境损害赔偿机制，对造成生态环境损害的单位或个人，做到应赔尽赔。同时，应加强监管结果的信息公开，完善公众参与机制。

（4）建立生态保护成效评估与绩效考核制度

定期开展生态保护红线生态状况和保护成效评估，基于生态保护红线保护需求和生态系统恢复提升潜力，科学评估生态保护红线管控和保护修复成效。探索建立以生态保护红线保护成效为导向的绩效考核制度，明确考核对象、考核指标、考核程序，将考核结果作为对新区人民政府及主管部门主要负责人综合考核评价的重要依据。

（5）完善生态破坏问题监管工作流程

开展生态保护红线生态破坏问题监管试点工作，总结生态保护红线生态破坏问题监管试点工作经验，建立并完善生态保护红线生态破坏问题监管流程，及时发现、移交和督促整改各类生态破坏问题，履行好生态保护监管职责。

（6）强化监管能力建设

加强生态监测网络体系建设，新建、改建、扩建生态监测地面站点、监测样地和生物多样性综合观测站。定期开展生态保护红线和自然保护地的生态质量监测，对主要生态因子、重点生态问题和重要生态系统等进行综合监测，摸清生态保护红线生态环境本底、生态质量及变化。完善生态监测数据共享机制。加快建设新区生态保护红线监管平台，全面提升遥感影像处理、智能解译和分析评价能力，实现全国生态保护红线人类活动和重要生态系统每年一次遥感监测全覆盖和常态化监测，及时获取生态环境质量、人为活动干扰等信息，支撑生态保护红线的科学决策，及时预警生态环境风险。

（7）加强人员队伍建设

加强生态保护监管领域的业务培训，提高管理人员业务水平和能力。应加大对监督执法人员的培养力度，运用无人机、人工智能、5G 通信等新技术，提升监督执法队伍的专业性。

6.2　实施国土空间分类管控

6.2.1　布局方案

（1）生态空间布局

生态空间是指具有自然属性、以提供生态服务或生态产品为主体功能的国土空间，包括森林、草原、湿地、河流、湖泊、滩涂、岸线、海洋、荒地、荒漠、戈壁、冰川、高山冻原、无居民海岛等。

规划形成"一淀、三带、九片、多廊"的生态空间格局，实现"林淀环绕的华北水乡、城绿交融的中国画卷"的规划愿景。

"一淀"即开展白洋淀环境治理和生态修复，恢复"华北之肾"的功能，使淀区逐步恢复至 360 km²，保障和改善湿地生态品质和功能，加强生物多样性保护，发挥白洋淀水域对华北地区的生态保育作用，展现蓝绿交织、荷塘苇海的华北水乡景观风貌。

"三带"即环淀绿化带、环起步区绿化带、环新区绿化带。优化城淀之间、组团之间和新区与周边区域之间的生态空间结构，建设具备生态涵养、休闲游憩、体验观赏等多种功能的环廊绿色空间。

"九片"即在城市组团之间和重要生态涵养区建设九片大型林地斑块，增强碳汇能力和生物多样性保护功能，主要包括老河头、刘李庄、赵北口、大清河、晾马台、南拒马、昝岗、安新、马家寨九片大型近自然林地斑块或生态绿地，锚固新区生态格局，稳定城镇开发边界，发挥生态涵养功能。

"多廊"即沿新区主要河流、交通干线两侧建设多条绿色生态廊道，发挥护蓝、增绿、通风、降尘等作用，串联"一淀、三带、九片"及城市绿地生态斑块，构建新区蓝绿交融、道绿相映的生态廊道体系。

（2）城镇空间布局

城镇空间主要承担经济、文化、人口、产业等功能，是产业发展、城镇建设和人口集聚的主要区域，包括起步区和雄县、容城、安新县城及寨里、昝岗 5 个外围组团，规划的 20 个左右特色小城镇和 100 个左右美丽乡村以及战略留白区域。

（3）农业空间布局

农业空间主要承担农业生产的功能，是种植业、水产畜牧业主要生产区域，兼顾生态功能。主要包括西南府河—唐河间区域、东部白洋淀下游区域和东北部农业空间。耕地保有量不低于 47.8 万亩，占全区总面积的 18%，其中永久基本农田 26.6 万亩，占全区总面积的 10%。

生态—城镇—农业空间分布方案见图 6-1。

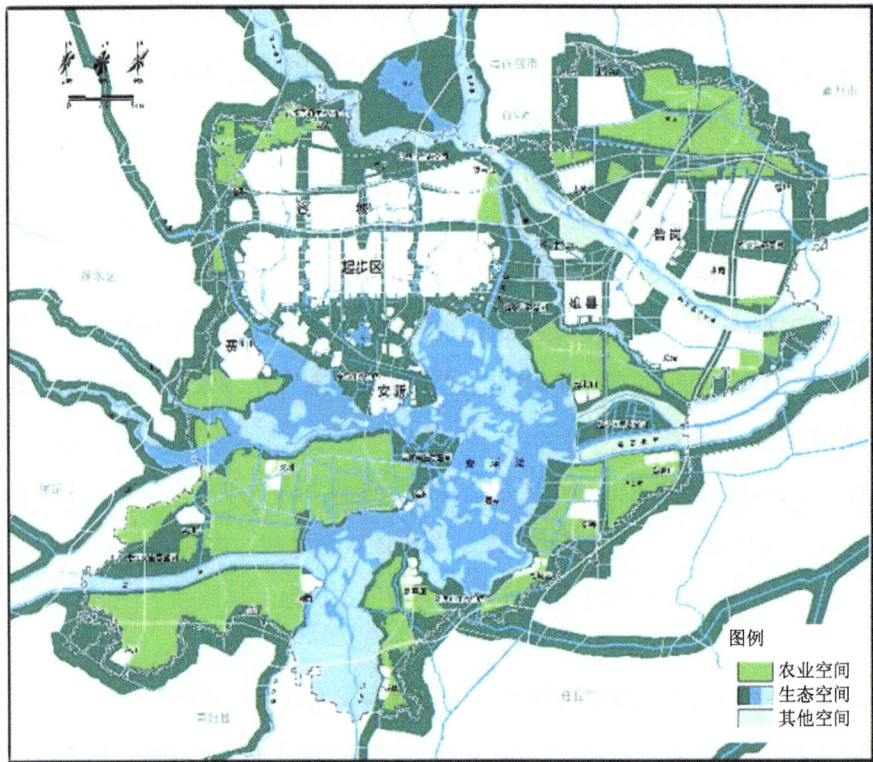

图 6-1   生态—城镇—农业空间分布方案

6.2.2   管控措施

（1）优先维护生态空间

生态保护红线以外的生态空间按照限制开发区域的要求进行管理，遵循生态优先、严格管控、奖惩并重的原则，根据主导生态功能定位，实施差别化管理。

严格控制人类活动。生态空间内的建设活动以盘活存量、优化结构为主，严格控制增量，增量的利用应发挥生态服务功能为导向。严格控制各类开发活动占用、破坏。禁止新建、扩建、改建除三产融合外的工业项目，在符合准入条件的前提下，控制各类建设项目的规模和利用强度。

已有活动管理。原有村庄、城镇用地，允许在生态功能不降低的条件下，对村镇用地进行布局优化、盘活利用。原有农业生产活动，允许进行农业复合利用，控制农业建设强度，减少农药、化肥投入，实行轮作休耕和种植结构调整，发展生态农业、绿色农业。

（2）集约利用城镇空间

以资源环境承载能力为刚性约束条件，不断优化城乡用地结构，集约节约用地，改变村镇零散布局、景观破碎格局。严格按照规划时序和管理规定征用农用地，保障新城内绿地湿地公园绿化带与城镇开发同步规划同步建设，保障功能完善的生态基础设施网络，严格控制城镇开发边界，营造与生态安全格局相融相生、宜居宜业的人居环境空间。

（3）严格保护农业空间

高标准保护农业空间，实现永久基本农田的质量、数量的综合全面管护。加强耕地及林地的保护，减少农业面源污染，防治土壤污染，发展都市农业和设施农业，发挥农田生态服务功能，发展生态农业和生态旅游休闲业，实现农业农村协调绿色发展。

6.3 建设白洋淀国家公园

6.3.1 白洋淀建设国家公园的基础和条件

白洋淀素有华北明珠之称，亦有"北国江南、北地西湖"之誉，又是华北地区最大的湿地，对调节华北地区的气候起着重要的作用，被称为"华北之肾"。依据白洋淀的重要生态功能，将白洋淀建设成国家公园具备良好的条件和基础。

（1）生态地位极端重要

白洋淀是华北地区最大的湿地，湿地又称"地球之肾"，在抵御洪水、调节气候、控制污染、保护物种多样性和维持生态平衡等方面发挥着巨大作用，是生态安全系统的重要组成部分。湿地是一种自然景观、一个自然综合体，是地球上具有重要环境功能的生态系统和多种生物的栖息地和孳生地，也是若干原材料和能源的地矿资源区。白洋淀作为"华北之肾"，在调节华北气候的同时，也为淡水鱼类和鸟类的生息繁衍提供了家园。白洋淀水生植物繁多，素以盛产稻米、菱藕著称，被誉为美丽富饶的鱼米之乡。其中当以芦苇和荷花的面积最大。白洋淀有 20 万亩芦苇和 15 万亩荷花，芦苇是典型的湿地植物，可以净化水质，吸收二氧化碳，在调节湿地生态系统中起着至关重要的作用。

（2）基础条件成熟

白洋淀于 2007 年 5 月 8 日，经过国家旅游局全国旅游景区质量等级评定委员会审定，安新白洋淀景区被评为国家 5A 级旅游景区。另外，2002 年 11 月，河北省将白洋淀评定为省级湿地自然保护区。2004 年，安新县成立白洋淀湿地保护区管理处，负责保护区的保护、管理和科研工作，具备了一定的管理能力。

（3）维持白洋淀优异的生态环境质量是新区建设的最重要基础

在京津冀区域协同发展的背景下，需要率先实现京津冀生态环境协同保护。白洋淀作为华北地区的重要生态湿地——"华北之肾"，对于京津冀地区生态环境具有重要作用。同时，新区建设也主要是依托白洋淀湿地的优良生态环境。建设白洋淀国家公园，倒逼新区现有产业升级转型，有利于新区加快实现绿色产业发展之路。

6.3.2   建设思路

（1）国家公园建设范围

以白洋淀核心保护区为对象建设白洋淀国家公园，国家公园总面积 172.81 km²，与整合优化后白洋淀省级自然保护区面积一致，共划分为核心保护区和一般控制区两个功能区。其中核心保护区面积共计 77.38 km²，占国家公园总面积的 44.78%，一般控制区面积共计 95.43 km²，占国家公园总面积的 55.22%。

（2）国家公园机构设置

按照"统一的管理机构、规范的管理制度、高效的管理模式"原则，在现有安新县白洋淀湿地保护区管理处的基础上成立白洋淀国家公园管理局，代表国家所有者行使管理职责，由新区代管。

（3）国家公园权责

对新区赋予统一的规划权，确保国家公园整体部署和建设；为确保公园的生态安全，给予白洋淀国家公园管理局相关自然资源资产管理的综合执法授权，构建完整统一的行政法制体系，保障区域内生态安全和治安秩序；给予新区完整人事权，保障独立的人事管理。

（4）资金来源机制

为解决财政投资不足、融资机制不健全、资金使用效率不高、投入和支出结构不合理的问题，构建以财政渠道为主，市场渠道和社会渠道为辅的资金机制，保障国家公园高效运行。

（5）经营机制

为解决公益性和非公益性不清、市场和政府划分不清、保护和利用缺乏平衡、缺少规范经营的模式等问题，在功能分区的基础上划分政府和市场的界限，对餐饮、住宿、交通等经营严格采用特许经营的方式，确保社区经营上的优先参与。国家要赋予国家公园包括准入管理、服务质量和价格监督等经营监管权。

（6）协商机制

强化各方监督，实行利益相关者协商制度，理顺公众参与和监督的渠道，实现国家公园的共商共治。

6.3.3　国家公园管控要求

国家公园实行分区管控，原则上核心保护区内禁止人为活动，一般控制区内限制人为活动。

（1）核心保护区

除满足国家特殊战略需要的有关活动外，原则上禁止人为活动。但允许开展以下活动：

1）管护巡护、保护执法等管理活动，经批准的科学研究、资源调查以及必要的科研监测保护和防灾减灾救灾、应急抢险救援等。

2）因病虫害、外来物种入侵、维持主要保护对象生存环境等特殊情况，经批准，可以开展重要生态修复工程、物种重引入、增殖放流、病害动植物清理等人工干预措施。

3）根据保护对象不同实行差别化管控措施：

①保护对象栖息地、觅食地与人类农业生产生活息息相关的自然保护区，经科学评估，在不影响主要保护对象生存、繁衍的前提下，允许当地居民从事正常的生产、生活等活动。保留一定数量的耕地，允许开展耕种、灌溉活动，但应禁止使用有害农药。

②保护对象为水生生物、候鸟的自然保护区，应科学划定航行区域，航行船舶实行合理的限速、限航、低噪声、禁鸣、禁排管理，禁止过驳作业、合理选择航道养护方式，确保保护对象安全。

③保护对象为迁徙、洄游、繁育野生动物的自然保护区，在野生动物非栖息季节，可以适度开展不影响自然保护区生态功能的有限人为活动。

④保护对象位于地下的自然遗迹类自然保护区，可以适度开展不影响地下遗迹保护的人为活动。

4）暂时不能搬迁的原住居民，可以有过渡期。过渡期内在不扩大现有建设用地和耕地规模的情况下，允许修缮生产生活以及供水设施，保留生活必需的少量种植、放牧、捕捞、养殖等活动。

5）已有合法线性基础设施和供水等涉及民生的基础设施的运行和维护，以及经批准采取隧道或桥梁等方式（地面或水面无修筑设施）穿越或跨越的线性基础设施，必要的航道基础设施建设、河势控制、河道整治等活动。

6）已依法设立的铀矿矿业权勘查开采；已依法设立的油气探矿权勘查活动；已依法设立的矿泉水、地热采矿权不扩大生产规模、不新增生产设施，到期后有序退出；其他矿业权停止勘查开采活动。

（2）一般控制区

除满足国家特殊战略需要的有关活动外，原则上禁止开发性、生产性建设活动。仅允许以下对生态功能不造成破坏的有限人为活动：

1）核心保护区允许开展的活动。

2）零星的原住居民在不扩大现有建设用地和耕地规模的前提下，允许修缮生产生活设施，保留生活必需种植、放牧、捕捞、养殖等活动。

3）自然资源、生态环境监测和执法，包括水文水资源监测和涉水违法事件的查处等，灾害风险监测、灾害防治活动。

4）经依法批准的非破坏性科学研究观测、标本采集。

5）经依法批准的考古调查发掘和文物保护活动。

6）适度的参观旅游及相关的必要公共设施建设。

7）必须且无法避让、符合县级以上国土空间规划的线性基础设施建设、防洪和供水设施建设与运行维护；已有的合法水利、交通运输等设施运行和维护。

8）战略性矿产资源基础地质调查和矿产远景调查等公益性工作；已依法设立的油气采矿权在不扩大生产区域范围，以及矿泉水、地热采矿权在不扩大生产规模、不新增生产设施的条件下，继续开采活动；其他矿业权停止勘查开采活动。

9）确实难以避让的军事设施建设项目及重大军事演训活动。

6.4　推进实施生态保护补偿

6.4.1　建立基于淀区生态补水的补偿长效机制

以流域断面水质目标为基础，以跨界为切入点，完善基于跨行政区交接断面和入淀断面水质控制目标的经济责任机制基础，加大对淀区上游给水区生态补偿力度。建立政府生态问责制，从道德、行政、法律、经济等方面加强对政府生态经济责任的问责，对于违反生态经济责任的行为追查到底、严肃处理，对于未能完成生态目标、违反规定、出现失责的相关职能部门进行责任追究。通过政策、经济、法律等有效手段对自然资源开发者和生态环境破坏者强制性征收一定的费用，提高其环境行为成本，从而激励行为主体减少环境损害。积极发展生态产业，转变当地以农业生产为主的单一经济结构，着力推进具有淀区特色的循环农业及生态旅游业，提高当地劳动力到其他地方就业，使农民能真正实现物质生活富裕，精神文化生活丰富。建立湿地补水生态补偿多方协商机制，协调各地政府、社会团体、企业及个人多方意见，维护不同权益者的切身利益。

积极探索市场化吸引资本投入水利的新路子，在归属清晰、产权明确的环节和领域率先培育和发展水市场，为各类水源合理定价，制定市场交易规则，完善水权交易办法，建立水权转让和交易平台。例如，白洋淀上游兴建的王快水库、西大洋水库等水库，除满足当地用水外还可以将多余的水量向下游需水地区出让水权。又如，积极利用南水北调工程及引黄入冀工程补充淀区水源，加强湿地水源保护和合理利用。再如，中水作为白洋淀流域一大水源，城市污水处理厂和企业排放的合格中水应有合理价位并参与交易，或政府埋单用于白洋淀生态补水，或互换转让其他水源的使用权，实现中水的应有价值，让污水处理单位付出的努力和投入得到回报，激发全社会更大的中水回收利用积极性，为白洋淀带来更多的优质补充水源。总之，在落实最严格水资源管理制度的基础上，充分发挥市场的调节作用，使各类水资源在市场这个平台上顺畅流转起来，为白洋淀流域经济社会和生态文明协调可持续发展提供支撑和保障。

建立公共财政支持生态补水专项基金。在省级水利建设基金中列出专项资金，专门用于白洋淀流域生态补水重点领域。例如，用于白洋淀生态补水工程的建设；对白洋淀流域再生水循环利用进行财政补贴；为白洋淀上游在紧急情况下实施跨流域调水补源提供资金保障等。有关市县财政也要参照设立专项资金，为白洋淀流域生态补水提供经费保证。加大白洋淀水资源费征收力度，筹措补水经费、增加财政收入，增强全社会水资源稀缺和有偿使用意识，促进水资源的节约和保护。

6.4.2   加大对淀区及周边市县财政转移支付力度

建立以纵向补偿为主、区域间横向补偿为辅的补偿机制。加大纵向财政转移支付的力度，利用财政资金加大对淀区的生态补偿，以实现补偿区域因保护生态环境而牺牲的经济发展的机会成本，地方行政辖区内的纵向转移支付，各地要根据情况进行，经济发达地区可根据财力状况增加支付力度。建立地方同级政府间的横向财政转移支付。在安新县、雄县已纳入国家重点生态功能区县域生态环境质量考核县的基础上，进一步将容城县及新区周边县区全部纳入考核县范围。加强生态补偿财政转移支付的制度化和法制化，以保障资金的规范管理、核算和监督，提高资金的使用效益。

6.4.3   健全白洋淀及周边区域生态保护市场体系

健全雄安新区生态保护市场体系，通过特许经营、土地综合开发和生态旅游等方式使保护者通过生态产品的交易获得收益。借鉴贵州特许经营权转让项目"马岭河峡谷-万峰湖国家重点风景名胜区"，保证淀区内保护经费，对于淀区特许经营的方式，除通常的年限制外，还可以采取股份制开发的模式，政府以自然资源出资为国有股占一定比例，同时引入公司进行经营。同时，加强淀区特许经营立法，用法律来规范特许经营，保障各方利益。根据淀区自然条件与土地资源结构特点，进行一业或一品为主的开发性农业建设，逐步形成有一定规模的生产、加工基地，建立顺畅的协商机制和合理的收益分配机制。以生态养殖为方向，实行综合开发，推进渔业与文化、科技、生态、旅游的融合。探索建立生态环境损害赔偿、生态产品交易与生态保护补偿协同推进机制。

借鉴琵琶湖治理经验。琵琶湖治理与保护工作中注重公众参与，例如，制订居民参与计划，让居民通过自己的实践参与琵琶湖的保护（如开展居民广泛参与环境监测工作）；建立琵琶湖保护网络，使个人、自治会、地区居民团体（如儿童会等）、非营利组织（NPO）、企业、行政机关、研究机构等多种主体都能很好地参与到保护活动中，搭建信息平台，建立有效的信息沟通机制，及时公布生态保护补偿热点、难点问题等，激发全社会各界和淀区群众投入保护生态环境的积极性和创造性，主动参与到生态环境保护工作中。

6.4.4 推进生态移民搬迁工作确保转产转业

按照"搬得出、稳得住、能致富"的原则，根据淀区村镇市局规划，在充分调研并尊重群众意愿的基础上，制定水区村整合搬迁试点方案，有序推进纯水村居民向周边中心城镇和中小城镇迁移，严格控制水区村新增户籍人口注册和常住人口登记，鼓励长期在外就业生活的淀区人口外迁，确保淀区人口只减不增。规划建设一批新型农村社区，将生态搬迁与重点城镇及生态工业园区建设、水资源与生态环境保护等紧密衔接。

坚持政策移民、产业移民、项目移民相结合。制定一系列创新性的政策，在投资项目、产业发展与财政税收等方面争取对本地区的支持与优惠，以促进发展和筹集资金。制定相应生态补偿的法律法规和制度，以保障生态补偿建设的顺利实施。结合芦苇制品、无纺布、塑料包装等特色产业，积极开展注册、申报、认证、认定等一系列工作，不断提升移民产业的知名度和美誉度。加强对移民的技术培训，增强移民自身造血能力，不断提升移民就业创业技能。探索设立淀区生态保护公益岗位，努力扩大就业岗位。

6.4.5 构建新区与周边区域的生态保护联动机制

加强与北京、天津、山西区域生态联动。与北京积极开展生态环境改善和流域整体治理等方面合作，合力构建区域生态网络，共同推动西部太行山山脉的生态屏障建设；强化保定市南水北调中线工程引水渠沿线的生态防护和用水管理，调整沿线产业结构，防止随意引水以及污染水源。加强与天津在流域综合治理等方面的合作，加强上游地区污染治理和产业结构调整，尽量减少或避免对下游天津地区的污染。加强与山西在太行山山脉生态屏障建设方面的合作，汇入王快水库和西大洋水库的一些河流发源于山西，如唐河、沙河等，协调好河道沿线管理和产业发展等，避免上游对本地水源造成污染。

参考文献

蔡佳亮，殷贺，黄艺，2010. 生态功能区划理论研究进展[J]. 生态学报，30（11）：3018-3027.

陈辰，2020. 二十世纪初新兴国家首都建设形象研究[D]. 南京：南京大学.

陈佳佳，2018. 城市生态控制线内村庄更新对策探讨[D]. 重庆：重庆大学.

陈挚，2017. 如何设计理想的美国新城？——尔湾城市规划评述与启示[J]. 规划师，33（S2）：192-196.

崔海玉，2013. 韩国新行政中心世宗市规划与建设[J]. 南方建筑，（4）：28-33.

董战峰，杜艳春，陈晓丹，等，2020. 深圳生态环境保护 40 年历程及实践经验[J]. 中国环境管理，12（6）：57，65-72.

高吉喜，刘晓曼，周大庆，等，2021. 中国自然保护地整合优化关键问题[J]. 生物多样性，29（3）：290-294.

高彤，杨姝影，2006. 国际生态补偿政策对中国的借鉴意义[J]. 环境保护，（19）：71-76.

国务院办公厅，2016. 关于健全生态保护补偿机制的意见[R].

河北省人民政府，国家发展改革委，2018. 河北雄安新区总体规划（2018—2035 年）[R].

环境保护部，国家发展改革委，2017. 生态保护红线划定指南[R].

李峰，谢永宏，杨刚，等，2008. 白洋淀水生植被初步调查. 应用生态学报，19（7）：1597-1603.

李金路，陈耀华，吴承照，等，2020. 自然保护地体系：中国方案[J]. 城市规划，44（2）：50-58.

刘桂环，文一惠，2018. 新时代中国生态环境补偿政策：改革与创新[J]. 环境保护，46（24）：15-19.

刘佳骏，2018. 国外典型大都市区新城规划建设对雄安新区的借鉴与思考[J]. 经济纵横，（1）：114-122.

刘建军，王得祥，侯琳，等，2004. 森林掩映下的科学城——日本筑波科学城的城市森林[J]. 中国城市林业，（5）：64-65.

上海市浦东新区人民政府，2011. 上海市浦东新区总体规划（2010—2020 年）[R].

孙添伟，陈家军，王浩，等，2012. 白洋淀流域府河干流村落非点源负荷研究. 环境科学研究，25（5）：568-572.

唐燕，杨宇，2007. 案例集萃[J]. 国际城市规划，（2）：118-123.

文萍，吕斌，赵鹏军，2015. 国外大城市绿带规划与实施效果——以伦敦、东京、首尔为例[J]. 国际城市规划，30（S1）：57-63.

许海峰，2016. 绿带政策的形成、演变与实施成效研究——以首尔都市圈绿带为例[D]. 杭州：浙江大学.

杨俊涛，白承万，2021. 韩国世宗特别市生态用地规划[J]. 国际城市规划，36（1）：152-158.

张城国，2017. 米尔顿凯恩斯新城规划（第 1 卷，第 1～2 章）[J]. 城市与区域规划研究，9（1）：95-112.

赵莹，陈腾，2012. 浦东新区新一轮城乡规划建设的思考[J]. 上海城市规划，（1）：23-26.

中共河北省委，河北省人民政府，2019. 白洋淀生态环境治理和保护规划（2018—2035 年）[R].

中共河北省委，河北省人民政府，2018. 河北雄安新区规划纲要[R].

中共中央办公厅，国务院办公厅，2017. 关于划定并严守生态保护红线的若干意见[R].

中共中央办公厅，国务院办公厅，2019. 关于建立以国家公园为主体的自然保护地体系的指导意见[R].

中共中央办公厅，国务院办公厅，2019. 关于在国土空间规划中统筹划定落实三条控制线的指导意见[R].

自然资源部，2020. 资源环境承载能力和国土空间开发适宜性评价指南（试行）[R].

自然资源部，生态环境部，国家林业和草原局，2022. 关于加强生态保护红线管理的通知（试行）[R].

Albert D A，1995. Regional landscape ecosystem of Michigan，Minnesota，and Wisconsina：a working map and classification. Gen. Tech. Rep. NC-178. St. Paul，MN：USDA Forest Service，North Central Forest Experiment Station，p. 250.

Bailey R G，1976. Ecoregions of the United States. Map（scale 1：7 500 000）. Ogden，Utah：U. S. Dept. of Agriculture，Forest Service. Intermountain Region Press.

Commission for Environmental Cooperation，1997. Ecological Regions of North America：Toward a Common Perspective[R]. Quebec：Commission for Environmental Cooperation.

Dinerstein E M，Olson D J，Graham D，et al.，1995 A conservation assessment of the terrestrial ecoregions of Latin America and the Caribbean[M]. Washington D C：TheWorld Bank.

Harding J S，Winterbourn M J，1997. An ecoregion classification of the South Island，New Zealand[J]. Journal of Environmental Management，51（3）：275.

Ja-Choon Koo，Mi Sun Park，Yeo-Chang Youn，2013. Preferences of urban dwellers on urban forest recreational services in South Korea[J]. Urban Forestry & Urban Greening，12（2）：200-210.

Marshall I B，P H Schut，1999. A national Ecological Framework for Canada-Overview[R].

McMahon G，Gregions S M，Waltman S W，et al.，2001. Developing a spatial framework of common ecological regions for the contermious United States[J]. Environment Management，28（3）：293-316.

Piggot William Benjamin，2013. City dreams，country schemes：community and identity in the American west[J]. Pacific Historical Review，82（3）：478-479.

Thomas R L，2004. Ecoregions and ecoregionalization：geographical and ecological perspectives[M]. Environment Management，New York：Springer-Verlag.